1+X 职业技能鉴定考核指导手册

汽车驾驶员

四 级

编审委员会

主　　任　　仇朝东

委　　员　　葛恒双　顾卫东　宋志宏　杨武星　孙兴旺
　　　　　　刘汉成　葛　玮

执行委员　　孙兴旺　张鸿樑　李　晔　瞿伟洁

中国劳动社会保障出版社

图书在版编目(CIP)数据

汽车驾驶员：四级/上海市职业培训研究发展中心组织编写. —北京：中国劳动社会保障出版社，2011

1+X 职业技能鉴定考核指导手册

ISBN 978-7-5045-8845-6

Ⅰ.①汽… Ⅱ.①上… Ⅲ.①汽车-驾驶员-职业技能鉴定-自学参考资料 Ⅳ.①U471.3

中国版本图书馆 CIP 数据核字(2011)第 017951 号

中国劳动社会保障出版社出版发行

（北京市惠新东街 1 号 邮政编码：100029）

出 版 人：张梦欣

*

三河市华骏印务包装有限公司印刷装订 新华书店经销
787 毫米×960 毫米 16 开本 10 印张 162 千字
2011 年 2 月第 1 版 2017 年 6 月第 4 次印刷
定价：18.00 元

读者服务部电话：(010) 64929211/64921644/84626437
营销部电话：(010) 64961894
出版社网址：http://www.class.com.cn

版权专有　　侵权必究

如有印装差错，请与本社联系调换：(010) 50948191
我社将与版权执法机关配合，大力打击盗印、销售和使用盗版图书活动，敬请广大读者协助举报，经查实将给予举报者奖励。
举报电话：(010) 64954652

前　言

职业资格证书制度的推行，对广大劳动者系统地学习相关职业的知识和技能，提高就业能力、工作能力和职业转换能力有着重要的作用和意义，也为企业合理用工以及劳动者自主择业提供了依据。

随着我国科技进步、产业结构调整以及市场经济的不断发展，特别是加入世界贸易组织以后，各种新兴职业不断涌现，传统职业的知识和技术也愈来愈多地融进当代新知识、新技术、新工艺的内容。为适应新形势的发展，优化劳动力素质，上海市人力资源和社会保障局在提升职业标准、完善技能鉴定方面做了积极的探索和尝试，推出了1＋X培训鉴定模式。1＋X中的1代表国家职业标准，X是为适应上海市经济发展的需要，对职业标准进行的提升，包括了对职业的部分知识和技能要求进行的扩充和更新。上海市1＋X的培训鉴定模式，得到了国家人力资源和社会保障部的肯定。

为配合上海市开展的1＋X培训与鉴定考核的需要，使广大职业培训鉴定领域专家以及参加职业培训鉴定的考生对考核内容和具体考核要求有一个全面的了解，人力资源和社会保障部教材办公室、中国就业培训技术指导中心上海分中心、上海市职业培训研究发展中心联合组织有关方面的专家、技术人员共同编写了《1＋X职业技能鉴定考核指导手册》。该手册由"理论知识复习题""操作技能复习题"和"理论知识考试模拟试卷及操作技能考核模拟试卷"三大块内容组成，书中介绍了题库的命题依据、试卷结构和题型题量，同时从上海市1＋X鉴定题库中抽取部分理论知识题、操作技能试题和模拟样卷供考生参考和练习，便于考生能够有针对性地进行考前复习准备。今后我们会随着国家职业标准以及鉴定题库的提升，逐步对手册内容进行补充和完善。

  本系列手册在编写过程中，得到了有关专家和技术人员的大力支持，在此一并表示感谢。

  由于时间仓促，缺乏经验，如有不足之处，恳请各使用单位和个人提出宝贵意见和建议。

1＋X职业技能鉴定考核指导手册

编审委员会

目 录

CONTENTS　1+X职业技能鉴定考核指导手册

汽车驾驶员职业简介 …………………………………………………………（1）

第1部分　汽车驾驶员（四级）鉴定方案 ……………………………………（2）

第2部分　鉴定要素细目表 ……………………………………………………（4）

第3部分　理论知识复习题 ……………………………………………………（19）

　汽车发动机结构与维护 ………………………………………………………（19）

　汽车底盘的结构与维护 ………………………………………………………（40）

　汽车电器的结构与维护 ………………………………………………………（60）

　汽车新技术简介 ………………………………………………………………（80）

第4部分　操作技能复习题 ……………………………………………………（91）

　汽车驾驶技能 …………………………………………………………………（91）

　故障诊断与排除技能一 ………………………………………………………（106）

　故障诊断与排除技能二 ………………………………………………………（108）

　维修技能 ………………………………………………………………………（114）

第5部分　理论知识考试模拟试卷及答案 ……………………………………（121）

第6部分　操作技能考核模拟试卷 ……………………………………………（138）

汽车驾驶员职业简介

一、职业名称

汽车驾驶员。

二、职业定义

汽车驾驶员即为驾驶汽车、电车，从事客、货运输的人员。

三、主要工作内容

从事的工作主要包括：(1) 按照交通规则，驾驶车辆进行客、货运输；(2) 分析、总结所驾驶车型的技术状况，及时提出维护修理建议；(3) 更换小件作业，排除运行中的故障；(4) 对行车事故、轮胎异常磨损原因分析，提出预防措施；(5) 分析运输成本构成和单车经济核算；(6) 提出超限货物运输方式，参与制定运输方案。

第1部分

汽车驾驶员（四级）鉴定方案

一、鉴定方式

汽车驾驶员（四级）的鉴定方式分为理论知识考试和操作技能考核。理论知识考试采用闭卷计算机机考方式，操作技能考核采用现场实际操作方式。理论知识考试和操作技能考核均实行百分制，成绩皆达60分及以上者为合格；理论知识考试或操作技能考核不及格者可按规定分别补考。

二、理论知识考试方案（考试时间90 min）

题型 \ 题库参数	考试方式	鉴定题量	分值（分/题）	配分（分）
判断题	闭卷机考	60	0.5	30
单项选择题		140	0.5	70
小计	—	200	—	100

三、操作技能考核方案

考核项目表

职业（工种）名称			汽车驾驶员		等级		四级	
职业代码								
序号	项目名称	单元编号	单元内容		考核方式	选考方法	考核时间(min)	配分(分)
1	汽车驾驶技能	1	小型车驾驶技能		操作	抽一	15	30
		2	大型车驾驶技能					
2	故障诊断与排除技能一	1	排除汽油发动机点火系故障		操作	抽一	15	25
		2	排除柴油机燃料供给系的故障					
3	故障诊断与排除技能二	1	排除汽车（气压式）制动系的常见故障		操作	抽一	15	20
		2	排除汽车（液压式）制动系的常见故障					
		3	排除汽车转向沉重的故障					
		4	排除汽车充电电路的常见故障					
4	维修技能	1	喷油器检修与调试		操作	抽一	15	25
		2	制动主阀的检修					
		3	汽车发电机的检修					
		4	调整离合器踏板自由行程					
		5	检查调整转向盘的自由转动量					
	合　　计						60	100
备注								

第 2 部分

鉴定要素细目表

职业（工种）名称					汽车驾驶员	等级	四级
职业代码							
序号	鉴定点代码				鉴定点内容	备注	
	章	节	目	点			
	1				汽车发动机结构与维护		
	1	1			发动机工作原理与工作过程		
	1	1	1		发动机概述		
1	1	1	1	1	发动机的分类		
2	1	1	1	2	发动机常用术语		
3	1	1	1	3	发动机的主要性能指标		
4	1	1	1	4	动力性指标		
5	1	1	1	5	经济性指标		
	1	1	2		发动机工作过程		
6	1	1	2	1	四冲程汽油机工作过程		
7	1	1	2	2	四冲程柴油机工作过程		
	1	2			曲柄连杆机构结构与维护		
	1	2	1		曲柄连杆机构的结构和作用		
8	1	2	1	1	曲柄连杆机构的作用		
9	1	2	1	2	曲柄连杆机构的组成		
10	1	2	1	3	机体组的结构		
11	1	2	1	4	气缸体		

续表

职业（工种）名称				汽车驾驶员	等级	四级
职业代码						
序号	鉴定点代码			鉴定点内容		备注
	章	节	目	点		
12	1	2	1	5	气缸盖	
13	1	2	1	6	气缸垫	
14	1	2	1	7	油底壳	
15	1	2	1	8	活塞连杆组的结构	
16	1	2	1	9	活塞	
17	1	2	1	10	活塞环	
18	1	2	1	11	活塞销	
19	1	2	1	12	连杆	
20	1	2	1	13	曲轴飞轮组的结构和作用	
21	1	2	1	14	曲拐布置和发火顺序	
22	1	2	1	15	飞轮	
23	1	2	1	16	曲轴扭转减振器	
	1	2	2		曲柄连杆机构常见故障诊断	
24	1	2	2	1	异响的诊断	
25	1	2	2	2	曲轴主轴承响	
26	1	2	2	3	连杆轴承响	
27	1	2	2	4	活塞敲缸	
28	1	2	2	5	活塞销响	
29	1	2	2	6	密封性诊断	
30	1	2	2	7	气缸压缩压力的检查	
31	1	2	2	8	进气管真空度检查	
32	1	2	2	9	气缸漏气量的检查	
33	1	2	2	10	水压试验法	
34	1	2	2	11	油水混合的原因分析与诊断	
	1	3			配气机构的结构与维护	
	1	3	1		配气机构的结构和工作原理	

续表

职业（工种）名称					汽车驾驶员	等级	四级
职业代码							
序号	鉴定点代码				鉴定点内容		备注
	章	节	目	点			
35	1	3	1	1	配气机构的结构		
36	1	3	1	2	配气机构的工作原理		
	1	3	2		配气机构的功能		
37	1	3	2	1	气门		
38	1	3	2	2	气门导管		
39	1	3	2	3	气门座		
40	1	3	2	4	气门弹簧		
41	1	3	2	5	凸轮轴		
42	1	3	2	6	挺柱		
43	1	3	2	7	推杆、摇臂和摇臂轴		
44	1	3	2	8	气门间隙		
	1	3	3		配气机构常见故障的诊断		
45	1	3	3	1	气门脚响的诊断		
46	1	3	3	2	气门漏气的诊断		
47	1	3	3	3	气门间隙的调整		
	1	4			燃料供给系的结构与维护		
	1	4	1		汽油机燃料供给系的结构和工作原理		
48	1	4	1	1	汽油机燃料供给系的组成		
49	1	4	1	2	汽油机的燃烧过程		
50	1	4	1	3	汽油机不同工况对可燃混合气浓度的要求		
51	1	4	1	4	典型化油器的结构与工作原理		
52	1	4	1	5	特殊作用的化油器附件		
	1	4	2		汽油机燃料供给系维护与常见故障诊断		
53	1	4	2	1	化油器的分解、清洗与调整		
54	1	4	2	2	汽油泵的清洗与调整		
55	1	4	2	3	汽油机燃料供给系常见故障的诊断		

续表

职业（工种）名称				汽车驾驶员	等级	四级
职业代码						

序号	鉴定点代码				鉴定点内容	备注
	章	节	目	点		
	1	4	3		柴油机燃料供给系的结构和工作原理	
56	1	4	3	1	柴油机燃料供给系的组成	
57	1	4	3	2	柴油机燃料供给系的作用	
58	1	4	3	3	柴油机可燃混合气的形成	
59	1	4	3	4	可燃混合气的燃烧过程	
60	1	4	3	5	喷油器、输油泵结构和作用	
61	1	4	3	6	喷油泵、调速器的结构和工作原理	
	1	4	4		柴油机燃料供给系的维护与常见故障诊断	
62	1	4	4	1	喷油器的清洗与调整	
63	1	4	4	2	输油泵性能的检测	
64	1	4	4	3	喷油泵调整简介	
65	1	4	4	4	柴油机燃料供给系常见故障诊断	
	1	5			润滑系的结构与维护	
	1	5	1		润滑系的结构与工作原理	
66	1	5	1	1	润滑系的组成与工作过程	
67	1	5	1	2	润滑系主要机件结构与工作过程	
68	1	5	1	3	机油泵	
69	1	5	1	4	集滤器与滤清器	
	1	5	2		润滑系的维护与常见故障诊断	
70	1	5	2	1	润滑系的日常维护要点	
71	1	5	2	2	润滑系常见故障诊断	
	1	6			冷却系的结构与维护	
	1	6	1		冷却系的结构与工作原理	
72	1	6	1	1	水冷却系的组成与工作原理	
73	1	6	1	2	冷却系主要机件结构	
74	1	6	1	3	水套	

续表

职业（工种）名称				汽车驾驶员	等级	四级
职业代码						
序号	鉴定点代码			鉴定点内容		备注
	章	节	目	点		
75	1	6	1	4	水泵	
76	1	6	1	5	风扇	
77	1	6	1	6	散热器与膨胀水箱	
78	1	6	1	7	节温器	
	1	6	2		冷却系的维护与常见故障诊断	
79	1	6	2	1	冷却系日常维护要点	
80	1	6	2	2	冷却系常见故障的诊断	
	1	7			发动机大修	
81	1	7	1	1	发动机总成大修的送修标志	
	1	7	2		发动机的送修前检验	
82	1	7	2	1	发动机动力性能的试验	
83	1	7	2	2	机油压力的检查	
84	1	7	2	3	气缸压缩压力的检查	
85	1	7	2	4	进气歧管真空度的检查	
86	1	7	2	5	燃料、润滑油消耗量的核算	
87	1	7	2	6	发动机运转声音的听察	
	1	7	3		发动机修竣后验收	
88	1	7	3	1	发动机大修竣工验收	
89	1	7	3	2	各种转速的运转和声响的规定	
90	1	7	3	3	发动机的排放和噪声限值应符合有关规定	
	2				汽车底盘的结构与维护	
	2	1			汽车传动系的结构与维护	
	2	1	1		传动系的组成与布置形式	
91	2	1	1	1	传动系的组成	
92	2	1	1	2	传动系的布置形式	
	2	1	2		离合器的结构与工作原理	

续表

职业（工种）名称					汽车驾驶员	等级	四级
职业代码							
序号	鉴定点代码				鉴定点内容		备注
	章	节	目	点			
93	2	1	2	1	离合器的工作过程		
94	2	1	2	2	摩擦式离合器的结构		
95	2	1	2	3	单片式离合器		
96	2	1	2	4	双片式离合器		
97	2	1	2	5	中央弹簧式离合器		
98	2	1	2	6	膜片弹簧式离合器		
	2	1	3		离合器的维护与常见故障诊断		
99	2	1	3	1	离合器的调整		
100	2	1	3	2	离合器常见故障的诊断		
	2	1	4		变速器的结构与工作原理		
101	2	1	4	1	普通齿轮变速器的工作原理		
102	2	1	4	2	变速器的结构		
103	2	1	4	3	同步器		
	2	1	5		变速器的维护与常见故障诊断		
104	2	1	5	1	变速器的维护要求		
105	2	1	5	2	变速器常见故障的诊断		
	2	1	6		万向传动装置的结构与工作原理		
106	2	1	6	1	普通十字轴万向节的结构		
107	2	1	6	2	双普通十字轴万向节实现等速传动的条件		
	2	1	7		万向传动装置的维护与常见故障诊断		
108	2	1	7	1	万向传动装置的维护		
109	2	1	7	2	万向传动装置常见故障诊断		
	2	1	8		驱动桥的结构与工作原理		
110	2	1	8	1	驱动桥的功用和分类		
111	2	1	8	2	主减速器		
112	2	1	8	3	差速器		

续表

序号	职业（工种）名称				汽车驾驶员	等级	四级
	职业代码						
	鉴定点代码				鉴定点内容		备注
	章	节	目	点			
	2	1	9		驱动桥的维护和常见故障诊断		
113	2	1	9	1	驱动桥的维护		
114	2	1	9	2	驱动桥异响故障的诊断		
	2	2			汽车行驶系和转向系的结构与维护		
	2	2	1		行驶系和转向系的结构与工作原理		
115	2	2	1	1	行驶系的组成		
116	2	2	1	2	车架		
117	2	2	1	3	车桥		
118	2	2	1	4	车轮		
119	2	2	1	5	前轮定位		
120	2	2	1	6	悬架的结构		
121	2	2	1	7	非独立悬架		
122	2	2	1	8	独立悬架		
123	2	2	1	9	转向系的组成		
124	2	2	1	10	转向系的工作过程		
125	2	2	1	11	转向器的结构		
126	2	2	1	12	转向驱动桥的结构		
	2	2	2		行驶系和转向系的维护和常见故障诊断		
127	2	2	2	1	前轮定位的检查与调整		
128	2	2	2	2	调整前的准备工作		
129	2	2	2	3	前轮前束的调整方法		
130	2	2	2	4	行驶系和转向系常见故障诊断		
131	2	2	2	5	转向沉重		
132	2	2	2	6	转向盘不稳		
133	2	2	2	7	单边转向不足		
	2	3			汽车制动系的结构与维护		

续表

职业（工种）名称				汽车驾驶员	等级	四级
职业代码						
序号	鉴定点代码			鉴定点内容	备注	
	章	节	目	点		
	2	3	1		汽车制动原理	
134	2	3	1	1	地面制动力的产生过程	
135	2	3	1	2	附着力与地面制动力之间的关系	
	2	3	2		制动系的结构和工作原理	
136	2	3	2	1	车轮制动器的结构	
137	2	3	2	2	车轮制动器的工作原理	
138	2	3	2	3	制动传动机构的结构和工作原理	
	2	3	3		制动系的维护与常见故障诊断	
139	2	3	3	1	制动系的日常维护要求	
140	2	3	3	2	气压制动系的维护	
141	2	3	3	3	液压制动系的维护	
142	2	3	3	4	液压制动系常见故障诊断	
143	2	3	3	5	气压制动系常见故障诊断	
	2	4			整车大修	
	2	4	1		汽车技术状况的变化和影响汽车使用寿命的因素	
144	2	4	1	1	汽车技术状况的变化	
145	2	4	1	2	汽车易损件的磨损规律	
146	2	4	1	3	影响汽车使用寿命的因素	
	2	4	2		汽车大修送修标志	
147	2	4	2	1	车辆的修理制度	
148	2	4	2	2	汽车和总成大修送修标志	
	2	4	3		汽车的检验	
149	2	4	3	1	汽车进厂检验	
150	2	4	3	2	汽车修竣后的检验	
151	2	4	3	3	汽车常用检测设备	
	2	5			汽车的合理使用	

续表

职业（工种）名称				汽车驾驶员	等级	四级
职业代码						
序号	鉴定点代码			鉴定点内容		备注
	章	节	目	点		
	2	5	1		汽车使用性能的评定	
152	2	5	1	1	容量	
153	2	5	1	2	速度性能	
154	2	5	1	3	使用方便性	
155	2	5	1	4	经济性	
156	2	5	1	5	安全性	
	2	5	2		汽车在特殊条件下的使用	
157	2	5	2	1	高温条件下的使用特点	
158	2	5	2	2	改善汽车高温条件下使用性能的措施	
159	2	5	2	3	低温条件下使用的特点	
160	2	5	2	4	改善汽车低温条件下使用性能的措施	
	2	5	3		汽车节油技术简介	
161	2	5	3	1	影响汽车节油的因素	
162	2	5	3	2	发动机技术状况的影响	
163	2	5	3	3	汽车底盘技术状况的影响	
164	2	5	3	4	驾驶技术对节油的影响	
165	2	5	3	5	汽车节油的有效措施	
166	2	5	3	6	提高汽车维修质量	
167	2	5	3	7	加强汽车技术状况的检测诊断	
168	2	5	3	8	加强管理	
	2	5	4		轮胎使用的基本要求	
169	2	5	4	1	保持规定的气压	
170	2	5	4	2	正确驾驶操作	
171	2	5	4	3	车辆装载均匀，严禁超载	
172	2	5	4	4	合理控制车速	
173	2	5	4	5	保持汽车底盘的良好技术状况	

续表

职业（工种）名称					汽车驾驶员	等级	四级
职业代码							
序号	鉴定点代码				鉴定点内容	备注	
	章	节	目	点			
174	2	5	4	6	合理选配轮胎		
175	2	5	4	7	定期进行轮胎换位		
176	2	5	4	8	及时维护和修补损伤		
	3				汽车电器的结构与维护		
	3	1			汽车电工电子基础知识		
	3	1	1		电工基础知识		
177	3	1	1	1	电流的定义		
178	3	1	1	2	电压的定义		
179	3	1	1	3	电阻的定义		
180	3	1	1	4	电路		
181	3	1	1	5	电阻的串联		
182	3	1	1	6	电阻的并联		
	3	1	2		电子基础知识		
183	3	1	2	1	晶体二极管		
184	3	1	2	2	晶体三极管		
185	3	1	2	3	三极管的特性		
186	3	1	2	4	三极管的判别		
	3	2			汽车主要电器装置的结构与维护		
	3	2	1		蓄电池点火系的结构和工作原理		
187	3	2	1	1	蓄电池点火系的组成		
188	3	2	1	2	蓄电池点火系的工作原理		
189	3	2	1	3	蓄电池点火系的工作过程		
190	3	2	1	4	蓄电池点火系的工作特性		
191	3	2	1	5	点火提前角的定义		
192	3	2	1	6	发动机的最佳点火时间		
193	3	2	1	7	影响点火提前角的因素		

续表

职业（工种）名称					汽车驾驶员	等级	四级
职业代码							
序号	鉴定点代码				鉴定点内容		备注
	章	节	目	点			
194	3	2	1	8	发动机的转速		
195	3	2	1	9	发动机的负荷		
196	3	2	1	10	汽油的辛烷值		
197	3	2	1	11	压缩比		
198	3	2	1	12	混合气成分		
199	3	2	1	13	火花塞的数量		
200	3	2	1	14	进气压力		
201	3	2	1	15	起动及怠速		
	3	2	2		蓄电池的结构和工作原理		
202	3	2	2	1	蓄电池的结构		
203	3	2	2	2	蓄电池的工作原理		
204	3	2	2	3	蓄电池的工作特性		
205	3	2	2	4	蓄电池的充电特性		
206	3	2	2	5	蓄电池的放电特性		
207	3	2	2	6	蓄电池的容量		
208	3	2	2	7	额定容量		
209	3	2	2	8	起动容量		
210	3	2	2	9	影响容量的因素		
211	3	2	2	10	汽车用其他蓄电池简介		
212	3	2	2	11	干式荷电铅蓄电池		
213	3	2	2	12	免维护蓄电池		
214	3	2	2	13	胶体电解质蓄电池		
	3	2	3		发电机的结构和工作原理		
215	3	2	3	1	交流发电机的结构和工作原理		
216	3	2	3	2	交流发电机的发电原理		
217	3	2	3	3	交流发电机的整流原理		

续表

职业（工种）名称				汽车驾驶员	等级	四级
职业代码						
序号	鉴定点代码			鉴定点内容	备注	
	章	节	目	点		
218	3	2	3	4	调节器的结构与工作原理	
219	3	2	3	5	调节器电路中各元器件的主要作用	
220	3	2	3	6	晶体管电压调节器的工作原理	
	3	2	4		起动机的结构和工作原理	
221	3	2	4	1	起动机的分类	
222	3	2	4	2	按控制装置分类	
223	3	2	4	3	按传动机构的啮合方式分类	
224	3	2	4	4	电磁操纵强制啮合式起动机	
225	3	2	4	5	QD124型电磁控制强制啮合式起动机	
226	3	2	4	6	起动保护电路	
227	3	2	4	7	电枢移动式起动机	
228	3	2	4	8	齿轮移动式起动机	
229	3	2	4	9	减速式起动机	
230	3	2	4	10	永磁减速式起动机	
	3	2	5		汽车主要电器装置的维护和常见故障诊断	
231	3	2	5	1	点火系常见故障诊断	
232	3	2	5	2	发动机不能起动或突然熄火的故障诊断	
233	3	2	5	3	判断点火系的故障在高压电路还是在低压电路	
234	3	2	5	4	低压电路的故障判断	
235	3	2	5	5	高压电路的故障判断	
236	3	2	5	6	发动机工作不正常故障诊断	
237	3	2	5	7	点火时间不当	
238	3	2	5	8	低速缺火	
239	3	2	5	9	高速不良	
240	3	2	5	10	蓄电池的日常维护要求	
241	3	2	5	11	电解液液面高度的检查	

续表

职业（工种）名称					汽车驾驶员	等级	四级
职业代码							
序号	鉴定点代码				鉴定点内容		备注
	章	节	目	点			
242	3	2	5	12	放电程度的检查		
243	3	2	5	13	发电机的日常维护要求		
244	3	2	5	14	使用调节器须知		
245	3	2	5	15	起动机的日常维护要求		
	3	3			汽车照明设备及其他辅助设备的结构与维护		
	3	3	1		照明设备的结构		
246	3	3	1	1	大灯的结构和工作过程		
247	3	3	1	2	其他照明及信号灯具的结构和工作原理		
	3	3	2		照明设备的日常维护与常见故障诊断		
248	3	3	2	1	大灯的调整与常见故障诊断		
249	3	3	2	2	喇叭的调整与常见故障诊断		
	3	3	3		其他辅助设备的结构		
250	3	3	3	1	转向信号装置		
251	3	3	3	2	转向信号灯		
252	3	3	3	3	闪光继电器		
253	3	3	3	4	制动信号装置		
254	3	3	3	5	电气仪表的结构		
255	3	3	3	6	电流表		
256	3	3	3	7	机油压力表		
257	3	3	3	8	水温表		
258	3	3	3	9	燃油表及传感器		
259	3	3	3	10	车速里程表		
260	3	3	3	11	转速表		
	4				汽车新技术简介		
	4	1			电子控制汽油发动机结构简介		
	4	1	1		电子控制系统的组成		

续表

职业（工种）名称				汽车驾驶员	等级	四级
职业代码						
序号	鉴定点代码			鉴定点内容	备注	
	章	节	目	点		
261	4	1	1	1	电子控制汽油喷射系统	
262	4	1	1	2	空气供给系统	
263	4	1	1	3	燃油供给系统	
264	4	1	1	4	电子控制系统	
265	4	1	1	5	电子控制点火系统	
266	4	1	1	6	辅助控制系统	
267	4	1	1	7	怠速控制系统	
268	4	1	1	8	进气控制系统	
269	4	1	1	9	排气净化与排放控制系统	
	4	1	2		集中控制系统实例简介	
270	4	1	2	1	负荷信息的传感器	
271	4	1	2	2	转速和曲轴位置的传感器	
272	4	1	2	3	点火和喷油正时的控制	
273	4	1	2	4	怠速空气的控制	
274	4	1	2	5	蒸发排放物控制系统炭罐清洗真空开关	
	4	2			环保发动机结构简介	
	4	2	1		环保发动机种类简介	
275	4	2	1	1	LPG 发动机	
276	4	2	1	2	CNG 发动机	
277	4	2	1	3	LNG 发动机	
278	4	2	1	4	单燃料发动机	
279	4	2	1	5	双燃料发动机	
280	4	2	1	6	两用燃料发动机	
281	4	2	1	7	其他代用燃料发动机	
	4	2	2		使用液化石油气（LPG）作为燃料的发动机结构简介	
282	4	2	2	1	储气系统	

续表

职业（工种）名称					汽车驾驶员	等级	四级
职业代码							
序号	鉴定点代码				鉴定点内容		备注
	章	节	目	点			
283	4	2	2	2	LPG供给系统		
284	4	2	2	3	燃料转换系统		
	4	3			防抱死制动系统ABS结构简介		
	4	3	1		防抱死制动控制系统简介		
285	4	3	1	1	ABS基本组成和作用		
286	4	3	1	2	ABS控制过程		
287	4	3	1	3	制动保压		
288	4	3	1	4	制动减压		
289	4	3	1	5	制动增压		
290	4	3	1	6	ABS布置形式		
291	4	3	1	7	按控制通道分类		
292	4	3	1	8	按传感器数目分类		
293	4	3	1	9	典型布置		
	4	3	2		ABS主要部件结构简介		
294	4	3	2	1	传感器结构简介		
295	4	3	2	2	轮速传感器		
296	4	3	2	3	电子控制单元（ECU）		
297	4	3	2	4	制动压力调节装置		
298	4	3	2	5	循环流通式调压方式		
299	4	3	2	6	可变容积式调压方式		
300	4	3	2	7	警告灯		

第3部分

理论知识复习题

汽车发动机结构与维护

一、判断题（将判断结果填入括号中。正确的填"√"，错误的填"×"）

1. 发动机各缸的总容积之和称为发动机的排量。（ ）
2. 以发动机曲轴对外输出功率为基础的指标称为有效指标。（ ）
3. 发动机的经济性指标一般用燃油消耗率来表示。（ ）
4. 爆燃和表面点火是汽油发动机的一种不正常燃烧现象。（ ）
5. 由于柴油蒸发性差，可燃混合气的形成只能采用高压喷射法。（ ）
6. 曲柄连杆机构由机体组、活塞连杆组和曲轴飞轮组三部分组成。（ ）
7. 机体组主要由气缸体、气缸盖、气缸垫组成。（ ）
8. 采用整体式气缸体，发动机运行时气缸中的噪声和振动会传递到曲轴箱，产生共鸣和共振的现象。（ ）
9. 气缸盖封闭气缸，并与活塞顶、气缸壁共同构成燃烧室。（ ）
10. 油底壳主要功用是贮存机油并密封曲轴箱。（ ）
11. 活塞连杆组的功用是承受气体作用在活塞上的压力。（ ）
12. 活塞环中的扭曲环之所以会扭曲是因为环断面不对称。（ ）
13. 活塞销连接活塞与连杆大头，将活塞承受的气体作用力传给连杆。（ ）
14. 曲轴飞轮组将活塞连杆组传来的气体压力转变为转矩并通过飞轮对外输出。（ ）

15. 对于缸数为 i 的四冲程发动机，做功间隔为 $720°/i$。（　）
16. 为了保证在有足够转动惯量的前提下，尽可能减小飞轮的质量，应使飞轮的大部分质量都集中在轮缘上。（　）
17. 冷车起动时，诊听发动机上部有清脆的敲击声，热车响声消失。一般为活塞敲缸响。（　）
18. 连杆轴承间隙过小，会引起异响。（　）
19. 活塞与气缸壁的间隙过大，会造成活塞在气缸内摆动，以致撞击气缸壁而发出"嗒嗒"敲击声。（　）
20. 活塞销与连杆小头衬套配合松旷，将造成发动机急速和中速时响声比较明显。（　）
21. 通过两次气缸压缩力的测量，某发动机相邻两缸的压力值均相对较低，而其他缸正常，说明该发动机进气门与气门座不密合。（　）
22. 进气歧管真空度是指发动机运转时，节气门接近关闭，进气歧管内产生的低压。（　）
23. 汽油机气缸漏气量的检查一般用充气法检测。（　）
24. 油底壳机油发白的基本原因是由于发动机漏水造成的。（　）
25. 现代汽车发动机多用侧置式配气机构。（　）
26. 配气机构的凸轮轴通过正时齿轮由曲轴驱动。（　）
27. 气门杆在气门导管中做高速直线往复运动，其冷却和润滑条件较好。（　）
28. 气门座与气门头部一起对气缸起密封作用，同时起着对气门的散热作用。（　）
29. 气门弹簧在工作时承受着频繁的固定载荷。（　）
30. 发动机曲轴驱动凸轮轴旋转，控制和驱动各缸气门的开闭符合发动机的工作顺序、配气相位及气门开度的变化规律等要求。（　）
31. 在任何形式的配气机构中都有推杆、摇臂和摇臂轴等零件。（　）
32. 在燃烧室的高温下，气门不会因受热膨胀而伸长。（　）
33. 普通挺柱式配气机构通常需要调整气门间隙来补偿气门的受热膨胀。（　）
34. 汽油机燃料供给系由汽油箱、汽油滤清器和汽油泵组成。（　）

35. 若汽油泵膜片弹簧弹力不足，则泵油量减少。（   ）

36. 汽油发动机不易起动，但有点火症状或点火后又渐渐熄火一般属油路故障。（   ）

37. 燃油供给、混合气形成和废气排出装置组成了柴油机燃料供给系。（   ）

38. 柴油机燃油供给系统的工作情况对柴油机的功率和油耗有重要的影响（   ）

39. 孔式喷油器主要用于分隔式燃烧室柴油发动机上，而轴针式喷油器主要用于统一式燃烧室柴油发动机上。（   ）

40. 为了避免喷油器的滴漏现象，喷油泵必须保证能迅速停止供油。（   ）

41. 柴油发动机喷油器雾化不良，则会造成柴油发动机冒白烟。（   ）

42. 柴油发动机喷油泵试验和调整的主要内容是供油时间、供油量、调速器及各缸供油量均匀度。（   ）

43. 若柴油机燃料系中混有水，不会造成柴油机起动困难。（   ）

44. 润滑原理是在相对运动的两零件之间建立一层润滑油膜，使两零件间不发生直接摩擦，以达到减小摩擦力、减轻零件磨损和降低功率损耗的目的。（   ）

45. 汽车在行驶中，发现机油压力低于标准值，可直接卸下主油道上的螺塞或机油传感器，观察喷油是否有力，这是一种简易的诊断方法。（   ）

46. 机油泵输出的油压不是一个常数，而是随着发动机的转速、机油黏度、润滑油道中的阻力变化和各运动副的配合间隙大小等因素而变化。（   ）

47. 当滤网被杂质堵塞时，滤网会被吸起，滤网上的圆孔与罩分离，此时机油不经滤网，直接从圆孔进入吸油管，保证机油泵不致断油。（   ）

48. 出车前应检查机油油面的高度，油面高度以油尺的上极限刻度为标准。（   ）

49. 机油压力低于标准压力，一般是由于润滑系统的故障、曲轴主轴颈、连杆轴颈和轴承之间的间隙过大造成。（   ）

50. 汽车发动机风扇在工作时，风是向散热器方向吹的，以利散热。（   ）

51. 为使发动机在不同负荷、转速和气候条件下保持正常工作温度，冷却水的循环路线是不同的。（   ）

52. 由于冷却水在水套中吸收了气缸和燃烧室等传出的热量，经散热器将热量散发到空气中去，从而保持发动机的正常工作温度。（   ）

53. 冷却水进行小循环是从水泵流出,经分水管、水套、出水口再到水泵。（　　）
54. 冷却风扇旋转时,会产生轴向吸力,增加流过散热器芯的空气量。（　　）
55. 膨胀水箱的作用之一是使整个水冷却系统成为一个开放式系统。（　　）
56. 蜡式节温器分单阀门节温器和双阀门节温器。（　　）
57. 发动机防冻液可降低冷却水的冰点及沸点。（　　）
58. 若发现油底壳机油里有冷却液渗入,说明缸体或缸盖的冷却水套破裂,水堵锈损等。（　　）
59. 发动机动力性能试验,可以在各个机构工作异常的情况下进行。（　　）
60. 检查机油压力,可以不起动发动机进行检查。（　　）
61. 气缸压力应在发动机走热至正常工作温度后熄火,用压力表进行测量。（　　）
62. 发动机冷机状态时也可以检查进气歧管真空度。（　　）
63. 燃料、润滑油消耗的核算应在汽车行驶 1 000～1 500 km 后进行。（　　）
64. 听查发动机运转声音,应在发动机走热后无负荷行驶时进行。（　　）
65. 发动机大修竣工之后,不得有漏水、漏油、漏气及漏电现象。（　　）
66. 发动机在各种转速下均应稳定运转,不能有个别缸不工作的现象。（　　）
67. 汽车发动机公害主要有空气污染、噪声污染和电磁波污染三种。（　　）

二、单项选择题（选择一个正确的答案,将相应的字母填入题内的括号中）

1. 活塞式内燃机按活塞运动方式分为（　　）和旋转活塞式两种。
   A. 平衡式　　　　B. 直立式　　　　C. 往复活塞式　　　　D. 液力变矩式
2. 发动机根据结构分为直列式、（　　）和对置式。
   A. U形式　　　　B. V形式　　　　C. L形式　　　　D. Y形式
3. 发动机根据工作循环分为（　　）发动机和二冲程发动机等。
   A. 三冲程　　　　B. 四冲程　　　　C. 五冲程　　　　D. 六冲程
4. 上止点是活塞顶部离曲轴中心的（　　）位置。
   A. 最低处　　　　B. 最深处　　　　C. 最近处　　　　D. 最远处
5. 在发动机气缸内混合气（或空气）被压缩的程度用（　　）来表述。
   A. 压强比　　　　B. 压缩比　　　　C. 混合比　　　　D. 空燃比

6. 评价发动机工作性能的指标有指示指标和（　　）。

    A. 平均指标　　　B. 转速指标　　　C. 有效指标　　　D. 效率指标

7. 有效指标（　　）了发动机在热功转换过程中为维持实际循环工作过程中所消耗掉的功。

    A. 增加　　　　　B. 减少　　　　　C. 平均　　　　　D. 扣除

8. 发动机有效转矩与曲轴角速度的乘积称为（　　）。

    A. 指示功率　　　B. 有效功率　　　C. 最大转矩　　　D. 最大功率

9. 燃油消耗率指发动机每发出（　　）kW有效功率，在1 h内所消耗的燃油质量克数。

    A. 1　　　　　　B. 10　　　　　　C. 100　　　　　　D. 1 000

10. 燃油消耗率（　　），发动机的燃油经济性越好。

    A. 越高　　　　　B. 越低　　　　　C. 越多　　　　　D. 越少

11. 在发动机工作中提高（　　），可以提高充气系数。

    A. 进气终了温度　　　　　　　B. 进气终了压力

    C. 排气终了压力　　　　　　　D. 功率

12. 四冲程汽油发动机的压缩行程时，活塞由（　　），此时发动机的进气门关，排气门关。

    A. 下止点移到上止点

    B. 上止点移到下止点

    C. 上止点移到下止点，再回到上止点

    D. 下止点移到中点

13. 废气在自身残余（　　）和活塞的推力作用下从气缸中排出，进入大气之中。

    A. 燃料　　　　　B. 燃烧　　　　　C. 压力　　　　　D. 温度

14. 柴油机混合气的形成不同于汽油机，它是在（　　）形成可燃混合气的。

    A. 气缸外　　　　B. 气缸内　　　　C. 进气管外　　　D. 进气管内

15. 四冲程柴油发动机的混合气燃烧方式为（　　）方式。

    A. 电火花　　　　B. 电脉冲　　　　C. 压缩　　　　　D. 加热

16. 曲柄连杆机构在（　　）冲程中把活塞的往复运动转变成曲轴的旋转运动，对外输出动力。

A. 进气　　　B. 压缩　　　C. 做功　　　D. 排气

17. 机体组包括（　　）、气缸套、气缸盖、气缸垫及油底壳等。

A. 气缸体　　B. 气门　　　C. 活塞　　　D. 连杆

18. 活塞连杆组主要包括活塞、（　　）、活塞销、连杆等。

A. 气缸套　　B. 活塞环　　C. 曲轴　　　D. 曲拐

19. 曲轴和飞轮等是（　　）组的主要组成部分。

A. 气缸　　　B. 曲轴　　　C. 活塞连杆　D. 曲轴飞轮

20. 机体组是构成发动机的（　　），是发动机各机构和各系统的安装基础。

A. 部件　　　B. 配件　　　C. 骨架　　　D. 支架

21. 机体组必须要有足够的（　　）和刚度。

A. 硬度　　　B. 强度　　　C. 韧性　　　D. 刚性

22. 对于铝合金气缸体而言，因其（　　）不好必须镶以气缸套。

A. 耐热性　　B. 耐磨性　　C. 耐酸性　　D. 耐碱性

23. 气缸套的外表面不直接与冷却水接触的称为（　　）气缸套。

A. 干式　　　B. 湿式　　　C. 整体式　　D. 分体式

24. 湿式气缸套为防止漏水，缸套下部设（　　）个耐油耐热橡胶密封圈。

A. 0～1　　　B. 1～2　　　C. 2～3　　　D. 3～4

25. 汽油机因缸径较小、缸盖负荷较轻，多采用（　　）气缸盖。

A. 组合式　　B. 分开式　　C. 整体式　　D. 分体式

26. 用耐热密封胶取代气缸垫，要求气缸盖和气缸体的（　　）有较高的加工精度。

A. 里面　　　B. 外面　　　C. 接合面　　D. 外表面

27. 为了保证在发动机（　　）倾斜时机油泵仍能吸到机油，油底壳后部或前部一般做得较深。

A. 侧向　　　B. 正向　　　C. 纵向　　　D. 横向

28. 油底壳在其（　　）装有磁性放油塞。

A. 最低处　　B. 最高处　　C. 最近处　　D. 最远处

29. 要求活塞在温度变化时，尺寸及形状的变化（　　）。
    A. 要大　　　　B. 要小　　　　C. 不变　　　　D. 相同

30. 开口间隙又称（　　），是活塞在冷状态下装入气缸后其开口处的间隙。
    A. 侧隙　　　　B. 背隙　　　　C. 端隙　　　　D. 边隙

31. 要求连杆在质量尽可能（　　）的条件下有足够的刚度和强度。
    A. 大　　　　　B. 小　　　　　C. 重　　　　　D. 轻

32. 汽油机活塞头部一般切有（　　）道环槽。
    A. 1～2　　　　B. 2～3　　　　C. 3～4　　　　D. 4～5

33. 气环装入气缸内必须有端隙，且各环开口要相互（　　）。
    A. 朝上　　　　B. 朝下　　　　C. 错开　　　　D. 对齐

34. 在做功冲程时，气环的密封作用主要靠（　　）。
    A. 气环上的油膜　　　　　　　　B. 燃气的压力
    C. 活塞环本身的弹力　　　　　　D. 间隙

35. 活塞销在高温下承受周期性冲击载荷，润滑条件（　　）。
    A. 好　　　　　B. 较好　　　　C. 一般　　　　D. 差

36. 发动机在正常工作温度时，（　　）连接方式能使活塞销在连杆衬套和活塞销座孔中自由转动。
    A. 全浮式　　　B. 半浮式　　　C. 开放式　　　D. 封闭式

37. 连杆杆身通常制成（　　）断面，为在强度和刚度足够的前提下减小质量。
    A. "人"字形　　　　　　　　　　B. "工"字形
    C. "U"字形　　　　　　　　　　D. "X"字形

38. 连杆轴承背面有较低的（　　）。
    A. 同心度　　　B. 同轴度　　　C. 表面光洁度　D. 表面粗糙度

39. V型发动机曲轴的曲拐数（　　）气缸数。
    A. 小于　　　　B. 大于　　　　C. 一半　　　　D. 等于

40. 为保证拆卸和安装时不破坏平衡状态及安装定位标志，飞轮与曲轴均采用（　　）定位装置。

A. 轴向　　　　　B. 径向　　　　　C. 周向　　　　　D. 侧向

41. 在安排多缸发动机的工作顺序时，各缸做功间隔应力求（　　）。

　　A. 均匀　　　　　B. 一致　　　　　C. 完美　　　　　D. 同步

42. 直列六缸四冲程发动机，各缸的工作顺序布置有（　　）等形式。

　　A. 1—2—3—4—5—6　　　　　　B. 1—3—5—2—4—6
　　C. 1—5—3—6—2—4　　　　　　D. 1—5—3—4—2—6

43. 飞轮上通常刻有点火正时或供油正时记号，以便（　　）点火时间。

　　A. 对准　　　　　B. 校准　　　　　C. 跟踪　　　　　D. 修改

44. 飞轮与曲轴组装后（　　）进行静态和动态平衡校验，以减小旋转时因质量不平衡而引起的振动和磨损。

　　A. 一起　　　　　B. 分开　　　　　C. 及时　　　　　D. 不必

45. 曲轴承受一个周期性变化的扭转（　　），从而形成曲轴对于飞轮的扭转摆动。

　　A. 应力　　　　　B. 阻力　　　　　C. 外力　　　　　D. 内力

46. 常用的扭转减振器还有（　　）和硅油式等数种。

　　A. 液压式　　　　B. 弹力式　　　　C. 摩擦式　　　　D. 综合式

47. 曲柄连杆机构的故障属于机械类故障，大多数是以（　　）的形式出现。

　　A. 响声　　　　　B. 气味　　　　　C. 异响　　　　　D. 色彩

48. 连杆轴承润滑不良，将造成轴承（　　）烧毁、脱落。

　　A. 复合层　　　　B. 合金层　　　　C. 电镀层　　　　D. 镀膜层

49. 活塞敲缸声在冷车时明显，热车时减弱或消失，说明活塞销与连杆衬套（　　）。

　　A. 润滑不良　　　B. 冷却不足　　　C. 装配过紧　　　D. 装配过松

50. 主轴承润滑不良，使轴瓦合金层烧蚀脱落，机油压力将（　　）。

　　A. 升高　　　　　B. 降低　　　　　C. 不变　　　　　D. 保持

51. 若主轴承盖螺栓松动，可按（　　）的拧紧力矩拧紧。

　　A. 规定　　　　　B. 随意　　　　　C. 需要　　　　　D. 较大

52. 判断某一缸连杆轴承响的方法之一是采用（　　）试验。

　　A. 气缸加压法　　B. 隔缸断火法　　C. 逐缸断火法　　D. 点火提前法

53. 当连杆轴颈磨损或圆度误差过大时，应修磨连杆轴颈并配以相应（　　）的连杆轴承。

    A. 尺寸　　　　B. 精度　　　　C. 修理级别　　　　D. 修理类别

54. 若断火试验时出现敲缸响声，并由断响变成连续响，说明活塞裙部（　　），使活塞头部撞击气缸壁所致。

    A. 圆度过小　　B. 圆度过大　　C. 锥度过小　　　　D. 锥度过大

55. 发动机温度低时响声不明显，温度越高，响声越大。单缸断火试验，响声没有变化，说明连杆（　　）。

    A. 完好　　　　B. 变形　　　　C. 伸长　　　　　　D. 缩短

56. 活塞变形或活塞环开口间隙过小，造成活塞与气缸壁的配合间隙（　　），致使润滑不良。

    A. 过小　　　　B. 过大　　　　C. 不变　　　　　　D. 适宜

57. 活塞销与活塞销座孔配合松旷时，发动机转速变化，响声的（　　）也随着变化。

    A. 强度　　　　B. 音质　　　　C. 周期　　　　　　D. 回音

58. 活塞销窜动时，单缸断火，响声反而（　　）。

    A. 减轻　　　　B. 加重　　　　C. 消失　　　　　　D. 尖锐

59. 用气缸压力表诊断气缸压力的条件之一是（　　）。

    A. 发动机在怠速运转中进行　　　　B. 发动机运转至正常温度熄灭
    C. 冷车熄灭　　　　　　　　　　　D. 化油器阻风门全开，节气门全闭

60. 测试进气歧管真空度时，应注意进气歧管真空度随海拔高度的增加而（　　）。

    A. 增加　　　　B. 降低　　　　C. 持平　　　　　　D. 不变

61. 发动机相邻两气缸压力低，其他缸均正常，说明（　　）。

    A. 气缸磨损　　B. 活塞环磨损　C. 气缸垫烧蚀　　　D. 气门漏气

62. 气缸压缩压力测量结果如超过原设计规定，可能是（　　），缸盖垫片过薄，或气缸体与缸盖结合面经过多次修理，加工过大所致。

    A. 燃烧室积炭过多　　　　　　　　B. 燃烧室积炭过少
    C. 气缸体磨损　　　　　　　　　　D. 气缸盖磨损

63. 测量进气歧管真空度，先将发动机运行到正常温度，然后稳定在（　　）运转状态。

　　A. 怠速　　　　B. 低速　　　　C. 中速　　　　D. 高速

64. 迅速开启、关闭节气门，真空表指针随之摆动在（　　）kPa 之间，说明发动机工作良好。

　　A. 7～65　　　　　　　　　B. 7～75

　　C. 7～85　　　　　　　　　D. 7～95

65. 气缸漏气量检查时，将发动机预热到正常温度，拆下（　　），装上充气嘴。

　　A. 高压线　　　B. 火花塞　　　C. 进气管　　　D. 排气管

66. 气缸漏气量的检查，各缸的漏气量不可超过（　　）。

　　A. 10%　　　　B. 20%　　　　C. 30%　　　　D. 40%

67. 气缸漏气量检查时，若空气从曲轴箱的通气孔漏出，说明（　　）漏气。

　　A. 气缸或气缸盖　　　　　　B. 气门或气门座

　　C. 活塞或活塞环　　　　　　D. 进气歧管衬垫

68. 水压试验时，将水套出水口（　　），把放水开关关闭。

　　A. 打开　　　　B. 封闭　　　　C. 连接　　　　D. 疏通

69. 气缸体和气缸盖若有渗水痕迹，一般采用（　　）和粘补法修理。

　　A. 冷补法　　　B. 热补法　　　C. 焊补法　　　D. 挖补法

70. 气缸垫（　　）或气缸盖破裂，会造成发动机油、水混合。

　　A. 装错　　　　B. 烧穿　　　　C. 过厚　　　　D. 过薄

71. 发动机出现动力不足，排气管冒（　　），且排出水珠，说明气缸垫烧穿或缸盖破裂。

　　A. 黑烟　　　　B. 蓝烟　　　　C. 白烟　　　　D. 油烟

72. 若缸体或缸盖的（　　）破裂，机油中会有冷却液渗入，且冷却液消耗过快。

　　A. 冷却水管　　B. 冷却水套　　C. 冷却开关　　D. 管接垫片

73. 配气机构按照发动机各缸的做功次序和每一缸工作循环的要求，（　　）地将各缸进气门与排气门打开或关闭。

　　A. 随时　　　　B. 定时　　　　C. 及时　　　　D. 定量

74. 凸轮轴上置式配气机构是凸轮轴直接通过（　　）来驱动气门。
    A. 推杆　　　　　B. 挺柱　　　　　C. 摇臂　　　　　D. 齿轮

75. 大多数载货汽车和大、中型客车发动机都采用（　　）式配气机构。
    A. 凸轮轴上置　B. 凸轮轴中置　C. 凸轮轴下置　D. 凸轮轴前置

76. 发动机曲轴转速与配气机构的凸轮轴转速之比为（　　）。
    A. 1∶1　　　　　B. 1∶2　　　　　C. 2∶1　　　　　D. 2∶3

77. 气门的关闭是由（　　）来完成的。
    A. 气门传动组　B. 气门弹簧　　C. 凸轮　　　　D. 齿轮

78. 进气门头部的直径（　　）排气门直径，是为了提高充气效率，增加进气量。
    A. 小于　　　　　B. 大于　　　　　C. 等于　　　　　D. 双倍

79. 气门杆安装气门（　　），可以使气门杆与气门导管之间的磨损更均匀。
    A. 螺旋器　　　B. 旋转器　　　C. 稳定器　　　D. 散热器

80. 气门导管通常单独制成零件，压入缸盖（或缸体）的承孔中后再（　　）内孔。
    A. 修理　　　　　B. 精铰　　　　　C. 精钻　　　　　D. 削磨

81. 气门座可以直接在气缸体上镗出或者单独制成（　　），镶嵌在气缸盖上。
    A. 气门圈　　　B. 气门座　　　C. 气门座圈　　D. 气门挡圈

82. 气门弹簧要具有较大的刚度和安装（　　）。
    A. 预压力　　　B. 预紧力　　　C. 预应力　　　D. 预定力

83. 为了防止弹簧发生共振，可采用（　　）的圆柱形弹簧。
    A. 变螺距　　　B. 等螺距　　　C. 标准螺距　　D. 非标准螺距

84. 采用双气门弹簧结构，当某一弹簧发生共振时，另一弹簧起（　　）作用。
    A. 叠加　　　　　B. 减振　　　　　C. 同步　　　　　D. 阻尼

85. 气门的开启与关闭过程的运动规律取决于（　　）的轮廓曲线。
    A. 凸轮轴　　　B. 凸轮　　　　C. 曲轴　　　　D. 气门

86. 在装配曲轴和凸轮轴时，必须将齿轮（　　）对准，以保证正确的配气相位和点火时刻。
    A. 位置　　　　　B. 方向　　　　　C. 正时标记　　D. 正反标记

87. 结构较复杂,质量较大的（　　）多用于大缸径柴油机上。
    A. 滚轮式普通挺柱　　　　　　　B. 筒式普通挺柱
    C. 液力挺柱　　　　　　　　　　D. 压力挺柱

88. 采用液力挺柱,消除了配气机构中的（　　）,减小了各零件的冲击载荷和噪声。
    A. 磨损　　　B. 倾斜　　　C. 间隙　　　D. 质量

89. 短臂端的螺纹孔中装有带球头的（　　）调整螺钉,为防止螺钉松动,用锁紧螺母锁紧。
    A. 气门　　　B. 气门间隙　　　C. 摇臂　　　D. 摇臂间隙

90. 气门关闭不严而漏气,会导致发动机（　　）下降,燃油消耗增加,发动机过热。
    A. 转速　　　B. 功率　　　C. 效率　　　D. 加速

91. 气门脚处润滑不良,气门与导管配合间隙太大或气门座圈（　　）,也会造成气门脚响声。
    A. 磨损　　　B. 过紧　　　C. 松动　　　D. 脱落

92. 采用顶置式配气机构的发动机气门脚响位置应在（　　）。
    A. 气缸盖上部　　B. 气缸盖下部　　C. 气缸盖侧面　　D. 前部

93. 气门与气门座工作面,会因为（　　）而造成气门关闭不严的漏气。
    A. 积灰　　　B. 积炭　　　C. 过细　　　D. 过粗

94. 若气门与气门导管的配合（　　）,应更换气门与气门导管。
    A. 过小　　　B. 过大　　　C. 正常　　　D. 不明

95. 调整气门间隙通常采用二次调整法,即分（　　）次摇转曲轴调整全部气门的方法。
    A. 一　　　B. 二　　　C. 三　　　D. 四

96. 做功顺序为1-3-4-2四缸发动机,当一缸处于压缩上止点时,可调一缸（　　）,三缸排气门和二缸进气门。
    A. 进、排气门　　B. 进气门　　C. 排气门　　D. 位置

97. 汽油机燃料供给系空气供给装置主要是空气（　　）。
    A. 泵　　　B. 阀门　　　C. 滤清器　　　D. 压缩器

98. 废气排出装置主要是排气管、（　　）等。

A. 排气阀　　　　B. 抽气泵　　　　C. 排气门　　　　D. 排气消声器

99. 汽油与空气的混合气过量空气系数 α=（　　）时，着火延迟期最短。

　　A. 0.4～0.5　　　　　　　　　B. 0.6～0.7

　　C. 0.8～0.9　　　　　　　　　D. 1.0～1.5

100. 从火焰中心形成至火焰传播到整个燃烧室，气缸内压力达（　　），这段时期称为急燃期。

　　A. 最小值　　　B. 最大值　　　C. 平均值　　　D. 额定值

101. 理论上，汽油发动机空燃比为 14.7∶1 的混合气，其过量空气系数等于（　　）。

　　A. 1.1　　　　B. 1　　　　C. 0.9　　　　D. 0.6

102. 为了保证进入气缸的汽油有足够汽油蒸发，发动机能顺利起动，需供给（　　）的混合气。

　　A. 较稀　　　B. 标准　　　C. 较浓　　　D. 极浓

103. 在空气较稀薄的环境下，自动海拔补偿装置能使供油量（　　），以获得合适的混合气浓度，满足发动机工况需要。

　　A. 恒定　　　B. 充足　　　C. 增加　　　D. 减少

104. 调整急速要求发动机（　　），各缸工作正常，达到正常工作温度。

　　A. 节气门全开　　B. 点火正时　　C. 额定转速　　D. 额定功率

105. 汽油泵输油压力取决于（　　）。

　　A. 摇臂行程　　　　　　　　B. 膜片行程

　　C. 膜片回位弹簧弹力　　　　D. 转速

106. 若汽油泵膜片弹簧过硬，会使（　　）。

　　A. 供油量增大　　　　　　　B. 供油压力过低

　　C. 供油压力过高　　　　　　D. 油量减少

107. 发动后，发动机的动力不足，并伴有排气管连续放炮声，是（　　）故障引起的。

　　A. 点火时间过迟　　　　　　B. 点火时间过早

　　C. 高压线断　　　　　　　　D. 充电系

108. 发动机的动力不足，起动时，发动机有倒转现象可能是（　　）故障引起的。

A. 点火时间过迟　　　　　　B. 触点间隙过大

C. 点火时间过早　　　　　　D. 发动机过冷

109. 汽油发动机不易发动，发动后，急速不均，消声器发出无节奏的"扑、扑"声，并冒黑烟，有时还伴有放炮声，则可断定是（　　）。

A. 混合气过稀　　　　　　　B. 混合气过浓

C. 点火时间过迟　　　　　　D. 气缸漏水

110. 柴油箱、输油泵、低压油管、柴油滤清器、（　　）、高压油管、喷油器和回油管组成了燃油供给装置。

A. 柴油泵　　B. 喷油泵　　C. 低压泵　　D. 燃油泵

111. 柴油机燃料供给系空气供给装置由空气滤清器、（　　）、气缸盖内的进气道组成。

A. 空气泵　　B. 高压泵　　C. 进气管　　D. 进气门

112. 柴油机燃油供给系统所谓的定时供油，就是按照供油（　　）要求进行供油。

A. 时间　　　B. 相位　　　C. 不同　　　D. 顺序

113. 喷入气缸的柴油与（　　）混合，借助缸内的高压、高温自行发火燃烧。

A. 混合气　　B. 空气　　　C. 蒸汽　　　D. 燃烧室

114. 输油泵供给的燃油比喷油泵泵出的（　　），多余的低压柴油经回油管流回油箱。

A. 要少　　　B. 等量　　　C. 量小　　　D. 量大

115. 柴油机分隔式燃烧室是由主燃烧室和（　　）燃烧室两部分组成。

A. 小　　　　B. 次　　　　C. 辅助　　　D. 后备

116. 柴油机只有着火落后期尽可能（　　），工作才会平稳。

A. 长　　　　B. 短　　　　C. 提前　　　D. 落后

117. 柴油发动机在燃烧过程中，如果（　　）过长，会引起柴油机工作粗暴。

A. 着火落后期　B. 补燃期　　C. 缓燃期　　D. 急燃期

118. 柴油混合气的燃烧过程可分为（　　）个阶段。

A. 一　　　　B. 二　　　　C. 三　　　　D. 四

119. 喷油器针阀和针阀体两者合称为（　　），是喷油器中最关键的零件。

A. 针阀件　　B. 针阀组件　C. 针阀偶件　D. 针阀配件

120. 轴针式喷油器一般有（　　）个喷孔。

　　　A. 一　　　　B. 二　　　　C. 三　　　　D. 四

121. 柴油发动机供油提前角指柱塞供油开始至活塞到达（　　）位置时相应的曲轴转角。

　　　A. 进气上止点　　B. 压缩上止点　　C. 做功上止点　　D. 排气终点

122. 柴油机喷油泵供油迟，喷油器喷油会（　　）。

　　　A. 迟　　　　B. 早　　　　C. 不变　　　　D. 过快

123. 为了保证柴油机怠速运转稳定不熄火，在高速时不发生"（　　）"，柴油机必须设置调速器。

　　　A. 超车　　　　B. 断油　　　　C. 飞车　　　　D. 失速

124. 喷油器清除积炭时，砂布和钢刮刀（　　）使用，可用木制、竹制或铅制刮刀。

　　　A. 能　　　　B. 不能　　　　C. 随便　　　　D. 视情

125. 用试验器检查喷油器喷油压力时，应（　　）原厂规定数值。

　　　A. 相符　　　　B. 大于　　　　C. 小于　　　　D. 90 %

126. 喷油器喷油压力不够，可（　　）调整螺钉，改变调压弹簧对顶杆的压力，达到正常的喷油压力。

　　　A. 旋出　　　　B. 旋入　　　　C. 更换　　　　D. 旋转

127. 柴油机输油泵形式常见的有（　　）、转子式、叶片式和齿轮式等。

　　　A. 电磁式　　　　B. 活塞式　　　　C. 膜片式　　　　D. 滚柱式

128. 柴油机燃料系空气排除时，（　　）内应有一定的油量，并保证管路密封。

　　　A. 滤清器　　　　B. 油箱　　　　C. 输油泵　　　　D. 喷油泵

129. 在调试柴油发动机喷油泵时，只要改变柱塞与套的相对位置，就可改变（　　）。

　　　A. 供油压力　　　　　　　　　　B. 供油量

　　　C. 供油开始时间　　　　　　　　D. 供油提前角

130. 柴油发动机若供油时间过早，喷油雾化不良或空滤器堵塞，部分柴油燃烧不完全形成炭粒从排气管中排出，呈（　　）烟雾。

　　　A. 灰色　　　　B. 白色　　　　C. 黑色　　　　D. 蓝色

131. 柴油机喷油泵上的调速器失效，会造成（　　）。
    A. "飞车"　　　　B. 只有中速　　　　C. 只有低速　　　　D. 转速不稳
132. 松开柴油机喷油泵上的放气螺钉，用手油泵泵油，若从放气螺钉处流出的燃油中夹有气泡，说明油路中（　　）渗入。
    A. 有空气　　　　B. 无空气　　　　C. 有杂质　　　　D. 无杂质
133. 检查柴油机高压油路时，用手试各缸高压油管，若感到油管有"脉动"现象，说明故障在（　　）。
    A. 输油泵　　　　B. 喷油泵　　　　C. 喷油器　　　　D. 高压油管
134. 排除（　　）中空气的方法是拧松放气螺塞，反复压动输油泵向燃油系供油，当手感有压力时，旋松放气螺塞直至从放气孔中流出的燃油不含空气为止。
    A. 柴油滤清器　　B. 喷油泵　　　　C. 喷油器　　　　D. 油箱
135. 发动机内部一般采用压力润滑和（　　）的复合式润滑。
    A. 随机润滑　　　B. 飞溅润滑　　　C. 定时润滑　　　D. 油脂润滑
136. 细滤器采用（　　）过滤方式，过滤能力较强，可以滤掉润滑油中很小的杂质。
    A. 离心式　　　　B. 引力式　　　　C. 综合式　　　　D. 联动式
137. 带液力挺杆的润滑系大部分润滑油从机油泵出油口输出后，流入机油滤清器，进入（　　）。
    A. 液力挺杆　　　B. 凸轮轴轴承　　C. 副油道　　　　D. 主油道
138. 发动机机油压力过低，润滑油输送不到（　　）之间，影响润滑效果。
    A. 主油道　　　　B. 连杆轴承　　　C. 摩擦副　　　　D. 摇臂轴
139. 一般润滑系的机油粗滤器和机油细滤器分别与主油道（　　）。
    A. 串联　　　　　B. 并联　　　　　C. 不相通　　　　D. 串联或并联
140. 小汽车发动机采用（　　）个滤清器清除机油中的杂质。
    A. 一　　　　　　B. 二　　　　　　C. 三　　　　　　D. 四
141. 汽车发动机常用的机油泵有（　　）和转子式两种。
    A. 叶片式　　　　B. 涡轮式　　　　C. 齿轮式　　　　D. 链条式
142. 在润滑油道中都设有（　　），使机油压力自动控制在规定范围内。

A. 高压阀　　　B. 低压阀　　　C. 限压阀　　　D. 限流阀

143. 机油压力过高，会引起（　　）、软管、接头等处爆裂和渗漏。

　　A. 机油泵　　　B. 机油滤清器　　　C. 集滤器　　　D. 限压阀

144. 集滤器安装在机油泵（　　）。

　　A. 里　　　B. 外　　　C. 前　　　D. 后

145. 过滤式细滤器对于机油的通过能力随淤积物增加而（　　），故需定期更换滤芯。

　　A. 上升　　　B. 下降　　　C. 增多　　　D. 提高

146. 当发动机熄火后的瞬间，由于惯性作用，离心式滤清器内的转子（　　）。

　　A. 立刻停止　　　B. 有声转动　　　C. 加速转动　　　D. 反向转动

147. 发动机润滑系的限压阀弹簧压力太软，将导致（　　）。

　　A. 机油压力过低　　　　　　B. 机油压力过高

　　C. 机油流通不通畅　　　　　D. 机油变色

148. 多级机油既具有良好的（　　）及泵送性能，又具有高温润滑能力，因而选用多级机油是最佳选择。

　　A. 稳定　　　B. 低温流动　　　C. 保质　　　D. 低温凝固

149. 放机油前（　　）发动机运行到正常的工作温度，再停机后将机油放尽。

　　A. 无须　　　B. 应使　　　C. 不能　　　D. 不必

150. 一般发动机曲轴主轴承间隙每增加（　　）mm，机油压力将降低 9.8 kPa。

　　A. 0.01　　　B. 0.02　　　C. 0.03　　　D. 0.04

151. 机油压力过高。一般为（　　），限压阀弹簧调整过硬，油道有堵塞，新装发动机曲轴、凸轮轴轴颈和轴承间隙过小。

　　A. 机油黏度过低　　　　　　B. 机油黏度过高

　　C. 机油温度过高　　　　　　D. 机油温度过低

152. 发动机初起动时机油压力正常，运转一段时间后，油压迅速降低，则说明（　　）。

　　A. 活塞与缸壁间隙过大　　　B. 润滑油量不足

　　C. 机油黏度过大　　　　　　D. 机油变质

153. 发动机是否过热，由冷却介质的（　　）来决定。
    A. 品种　　　　B. 温度　　　　C. 灵敏度　　　　D. 精确度
154. 为了降低冷却液的冰点和（　　）冷却液的沸点，通常添加含有乙二醇、乙醇的防冻液。
    A. 提高　　　　B. 降低　　　　C. 保持　　　　D. 控制
155. 发动机冷却液中乙二醇的质量分数通常保持在（　　）左右。
    A. 30%　　　　B. 40%　　　　C. 50%　　　　D. 60%
156. 发动机冷却系的主要作用是（　　）。
    A. 降低其温度　B. 保持其温度　C. 提高其温度　D. 降低湿度
157. 当发动机温度较低时，节温器的主阀门（　　），副阀门开启。
    A. 开启　　　　B. 半开　　　　C. 全开　　　　D. 关闭
158. 冷却系进行小循环的目的是迅速（　　）发动机温度到正常工作温度。
    A. 保持　　　　B. 制约　　　　C. 升高　　　　D. 降低
159. 发动机的水套是由气缸体和气缸盖内的（　　）壁所形成的空间隔层。
    A. 单层　　　　B. 双层　　　　C. 三层　　　　D. 多层
160. 为保证发动机各部分温度均匀，冷却液通常先从气缸体（　　）进入水套，然后从气缸盖水套流出。
    A. 上层　　　　B. 下层　　　　C. 上部　　　　D. 下部
161. 在多缸发动机中，在水套中压入（　　），能使前后气缸温度均匀。
    A. 分水管　　　B. 出水管　　　C. 进水管　　　D. 铜水管
162. 汽车上广泛使用的是（　　）水泵。
    A. 叶片式　　　B. 离心式　　　C. 齿轮式　　　D. 转子式
163. 当散热器内充满冷却水时，水泵壳体内应该（　　）冷却水。
    A. 进　　　　　B. 没有　　　　C. 有一半　　　D. 充满了
164. 水泵工作时，叶轮中心处压力降低，（　　）中的冷却水便经进水管被吸入，使冷却水循环起来。
    A. 出水管　　　B. 散热器　　　C. 气缸体　　　D. 气缸盖

165. 冷却风扇安装于散热器（　　）。
    A. 前面　　　　B. 后面　　　　C. 左侧　　　　D. 右侧

166. 风扇叶片数目通常为（　　）片。
    A. 3～5　　　　B. 5～6　　　　C. 4～6　　　　D. 6～8

167. 电动风扇由电动机驱动，受（　　）温度控制的温控开关控制风扇的转动，不受发动机转速的影响。
    A. 冷却水　　　B. 发动机　　　C. 散热器　　　D. 节温器

168. 散热芯子大多采用（　　）结构，这样可以提高它的结构刚度和防冻性能。
    A. 柱状式　　　B. 管片式　　　C. 整体式　　　D. 分体式

169. 为防止防冻液的损失，冷却系设置了（　　），对散热器内的防冻液起到自动补偿的作用。
    A. 辅助水桶　　B. 补偿器　　　C. 补偿水桶　　D. 备用水桶

170. 膨胀水箱还具备及时将冷却系内的水汽分离，避免"（　　）"产生的功能。
    A. 腐蚀　　　　B. 穴蚀　　　　C. 锈蚀　　　　D. 蒸汽

171. 汽车发动机采用较多的是（　　）节温器。
    A. 膨胀式　　　B. 补偿式　　　C. 蜡式　　　　D. 油式

172. 节温器安装于（　　）出水口处，控制冷却水通往散热器的流量。
    A. 缸体　　　　B. 缸盖　　　　C. 散热器　　　D. 水泵

173. EQ6100Q 型发动机采用双阀门节温器，当水温低于（　　）℃时，冷却水进行小循环。
    A. 56　　　　　B. 66　　　　　C. 76　　　　　D. 86

174. 当发动机的温度在（　　）K时，热敏开关的高速开关合上，冷却风扇高速旋转。
    A. 363～368　　B. 369～377　　C. 378～387　　D. 388～400

175. 一般汽车每行驶（　　）km，应用冷却液密度计检查冷却液的密度，密度不够会使冷却水的冰点和沸点发生变化而不符合要求。
    A. 20 000　　　B. 30 000　　　C. 40 000　　　D. 50 000

176. 出车前检查冷却液的液位，以膨胀水箱上下极限的（　　）值为最佳。

A. 上极限　　　B. 下极限　　　C. 中间　　　D. 最大

177. 造成发动机冷却液温度过高的原因不可能是（　　）。
　　A. 水泵轴松旷　　　　　　　B. 百叶窗全开无法关闭
　　C. 节温器故障　　　　　　　D. 皮带松旷

178. 发动机散热器存在水垢，经修复后，其容量一般不得小于原容量的（　　）。
　　A. 95%　　　B. 90%　　　C. 85%　　　D. 70%

179. 水冷式发动机上的蜡式节温器的蜡泄漏后，会造成（　　）。
　　A. 水流只能进行大循环　　　B. 水流只能进行小循环
　　C. 大、小循环均存在　　　　D. 倒流

180. 柴油机气缸磨损圆柱度的限度为（　　）mm。
　　A. 0.15　　　B. 0.25　　　C. 0.35　　　D. 0.45

181. 圆柱度和圆度均以其中磨损量（　　）的一个气缸为准。
　　A. 平均值　　　B. 一半　　　C. 最大　　　D. 最小

182. 汽车车架产生严重变形（　　）发动机总成大修送修的标志。
　　A. 不是　　　B. 是　　　C. 可能是　　　D. 不一定是

183. 发动机起动后应注意观察排气管是否冒（　　）。
　　A. 黑烟　　　B. 蓝烟　　　C. 油烟　　　D. 黑烟或蓝烟

184. 汽车运行状况的试验，应在（　　）运转正常的情况下进行。
　　A. 水泵　　　B. 散热器　　　C. 底盘机件　　　D. 底盘配件

185. 发动机动力不足时，排挡会比正常情况下（　　）。
　　A. 挂高　　　B. 挂低　　　C. 挂高一挡　　　D. 挂低一挡

186. 检查发动机机油压力，分别在原厂规定的（　　）和高速运转时进行测试。
　　A. 低速　　　B. 急速　　　C. 中速　　　D. 匀速

187. 机油黏度正常而油压达不到规定值时，一般是发动机机件（　　）造成的。
　　A. 磨损过大　　　B. 磨损过小　　　C. 失灵　　　D. 磨损

188. 机油滤清器堵塞且旁通阀开启困难，会造成机油压力（　　）规定值。
　　A. 保持　　　B. 等于　　　C. 高于　　　D. 低于

189. 汽油发动机各缸压力差不得超过平均值的（　　）。
    A. 5%　　　　　B. 6%　　　　　C. 7%　　　　　D. 8%

190. 在怠速运转状态下，真空表的读数一般应稳定在（　　）kPa的范围内。
    A. 27～70　　　B. 37～70　　　C. 47～70　　　D. 57～70

191. 进气歧管真空度检查前，应对燃油供给系和（　　）进行必要的调整。
    A. 配气机构　　B. 点火系　　　C. 润滑系　　　D. 冷却系

192. 燃料、润滑油消耗的核算一般可（　　）比较，以判别消耗量的增减幅度。
    A. 定额　　　　B. 定期　　　　C. 差额　　　　D. 分期

193. 在其他条件相同的情况下，驾驶技术水平不同，一般油耗可相差（　　）。
    A. 10%～20%　　B. 10%～30%　　C. 20%～40%　　D. 20%～50%

194. 发动机的转速升高，响声增大，并伴随气缸体产生抖动，一般是（　　）的响声，应予以修理。
    A. 曲轴轴承　　B. 连杆轴承　　C. 活塞　　　　D. 活塞销

195. 发动机在怠速或低速时，在气缸上部听到尖锐、清脆的"嗒嗒"声，响声随着发动机的转速升高而增大，可以判定是（　　）的响声。
    A. 气门　　　　B. 气门座　　　C. 活塞　　　　D. 活塞销

196. 当发动机起动困难，进气管回火，排气管放炮、冒烟，燃油消耗量增加，出现异响，说明（　　），应予以修理。
    A. 气门座损坏　B. 气门漏气　　C. 气缸漏气　　D. 活塞环折断

197. 发动机在怠速运转时，机油压力一般应不低于（　　）kPa。
    A. 50　　　　　B. 100　　　　　C. 150　　　　　D. 200

198. 发动机修竣后，气缸压缩压力应符合原设计规定，各缸压缩压力差，汽油机应不超过各缸平均压力的（　　）。
    A. 5%　　　　　B. 8%　　　　　C. 10%　　　　　D. 15%

199. 发动机在正常温度下，使用起动机（　　）s内应能起动。
    A. 3　　　　　　B. 4　　　　　　C. 5　　　　　　D. 6

200. 大修竣工的发动机，（　　）有轻微而均匀的正时齿轮、机油泵齿轮和气门脚的响声。

  A. 允许 B. 不允许 C. 应该 D. 不可能

201. 在走合期内，应限制（ ），减载减速运行。

  A. 最小输出功率   B. 最大输出功率

  C. 功率   D. 转速

202. 汽车排放的主要污染物是（ ）、碳氢化物、氮氧化合物、硫化物和微粒物等。

  A. 一氧化碳 B. 二氧化碳 C. 氧气 D. 氮气

203. 汽车驾驶员耳旁噪声级应不大于（ ）dB。

  A. 70 B. 80 C. 90 D. 100

汽车底盘的结构与维护

一、判断题（将判断结果填入括号中。正确的填"√"，错误的填"×"）

1. 汽车发动机发出的动力经离合器、变速器、万向传动装置、主减速器、差速器、半轴后传递给驱动轮。（ ）

2. 发动机前置、前轮驱动的传动布置型式，其特点之一是传动系结构布置紧凑而简单。（ ）

3. 离合器属盘类零件，只需作静平衡试验，不必做动平衡试验。（ ）

4. 摩擦式离合器是通过主动件和从动件两者接触面之间的摩擦作用来传递转矩的。（ ）

5. 单片式离合器的从动件为一个前面铆有摩擦片的从动盘。（ ）

6. 中央弹簧式离合器只有一个弹力较强的锥形螺旋弹簧布置在离合器的中央，作为压紧弹簧。（ ）

7. 从动盘的摩擦片破损时，会出现离合器既打滑又分离不彻底。（ ）

8. 离合器踏板自由行程过大，将会发生离合器发抖。（ ）

9. 变速器操纵机构的主要部分通常位于变速器盖内，也有的直接布置在变速器壳体上。（ ）

10. 变速器采用同步器，可保证两齿轮线速度不相等时，齿轮不能进入啮合。（   ）
11. 变速器齿轮油不足或品质恶化会出现异响。（   ）
12. 自锁装置失效，将引起变速器乱挡。（   ）
13. 若万向节十字轴装配过紧，转动不灵活，增加运动阻力，会产生异响。（   ）
14. 驱动桥是汽车传动系中最后一个总成。（   ）
15. 主减速器用来降低速度、增大转矩，同时还用来改变转矩方向。（   ）
16. 汽车在不平道路上行驶时，差速器能使两侧驱动轮转速保持相等。（   ）
17. 汽车转弯时，驱动桥产生异响，多为差速器行星齿轮损坏。（   ）
18. 汽车行驶系由车架、车桥、车轮和悬架等组成。（   ）
19. 车架是全车的装配基体，汽车绝大部分的部件和总成都是通过车架来固定其位置的。（   ）
20. 车轮必须保证轮胎与路面的良好附着，吸收及缓和汽车行驶时所受到的部分冲击和振动。（   ）
21. 悬架的弹性元件、导向装置和减振器，分别起缓冲、导向和减振的作用。（   ）
22. 当一侧车轮跳动时对另一侧车轮产生影响，这种悬架称为非独立悬架。（   ）
23. 由两根梯形臂，直拉杆及前轴所形成的梯形装置，称为转向梯形机构。（   ）
24. 汽车转向时要实现每个车轮纯滚动，必须是前内转向轮转向角小于外转向轮转向角。（   ）
25. 液压式动力转向，按液流的形式可分为常流式和常压式。（   ）
26. 在全轮驱动的汽车和一些轿车上，前桥除作为转向桥外，还兼起驱动桥的作用，故称为转向驱动桥。（   ）
27. 前轮定位时，可以在任何状态下调整前轮前束。（   ）
28. 一般多数制造厂规定同名点在轮胎的中线上。（   ）
29. 前轮左、右轮毂轴承松紧度调整不一，将造成汽车行驶跑偏。（   ）
30. 转向器垂臂轴与衬套间隙过小将引起转向沉重。（   ）
31. 转向摇臂在转向摇臂轴上位置装配不当，会引起转向盘单边转向不足。（   ）
32. 最大制动力是在车轮临"抱死"却又未完全"抱死"时出现。（   ）

33. 简单非平衡式制动器的摩擦片磨损是均匀的。（　）
34. 制动传动机构按传力介质的不同可分为液压式和气压式。（　）
35. 贮气筒内压缩空气不足，制动时，会造成制动不良。（　）
36. 由于温度过高，当制动液发生气化而产生气阻时，会造成液压制动不良。（　）
37. 制动鼓与摩擦片的间隙过大，将使制动距离增大。（　）
38. 经济性变坏，是指燃料和润滑油料的消耗量显著增多。（　）
39. 汽车在夏季使用时，发动机应换用低黏度牌号的润滑油。（　）
40. 根据规定汽车在送大修时，除特殊情况外，必须保持在行驶状态。（　）
41. 汽车送修时，应保持行驶状态，汽车装备应齐全，不得拆换和缺少。（　）
42. 发动机大修竣工后，不得有漏水、漏油、漏气、漏电现象。（　）
43. 用滑板式侧滑试验台检测时，使汽车前轮在滑板上通过，测量左右方向位移量的方法来检验侧滑量。（　）
44. 汽车使用性能，是指车辆在一定使用条件下的工作能力。（　）
45. 汽车的使用方便性表示乘客和驾驶员在行车时的舒适性、货物的完整无损、操纵轻便以及迅速而简便地完成装卸工作的特性。（　）
46. 在良好路面上行驶时应尽可能保持汽车高速行驶。（　）
47. 通常评价汽车制动效能的主要指标有三个，实践中应用较多的指标是制动距离。（　）
48. 高温给发动机的早燃和爆燃提供条件，使动力性能下降，并加剧发动机的磨损。（　）
49. 适当提前点火时间不属于改善汽车在高温条件下使用性能的措施，在高温条件下应适当推迟点火。（　）
50. 在低温条件下，柴油机无须在起动前对燃烧室进行加热。（　）
51. 试验证明：汽车从起步加速到相同的中等速度，缓加速要比快加速多耗油两倍。（　）
52. 气缸压缩力越大，混合气燃烧的速率越高，动力性和经济性就越好。（　）
53. 汽车驾驶技术对汽车运行燃油消耗的影响不是很大。（　）

54. 汽车经常处于良好的技术状况是提高节油的基础。（   ）

55. 汽车维修质量从技术角度来讲，是指维修竣工出厂车辆满足相应竣工出厂技术条件的一种定量评价。（   ）

56. 通过对汽车定期或不定期的技术状况检测诊断，进行针对性的维修，对节约燃润油也有着明显的作用。（   ）

57. 加强企业管理，提高管理水平是节约燃油的根本措施。（   ）

58. 经常保持轮胎气压正常，是防止轮胎早期损坏的基本措施。（   ）

59. 正确驾驶汽车，做到起步、停车平稳，尽量减少紧急制动。（   ）

60. 汽车装载不均或超载，都会使轮胎超负荷，缩短轮胎的使用寿命。（   ）

61. 汽车车速提高时，轮胎受负荷作用频率和变形的频率均降低。（   ）

62. 汽车底盘特别是行驶系机件技术状况不良，会加剧轮胎的磨损。（   ）

63. 轮辋混装或变形的轮辋也会造成轮胎非正常磨损或爆胎。（   ）

64. 由于负荷、驱动方式及道路的影响，各车轮轮胎的磨损部位和磨损程度都相同。（   ）

65. 应坚持日常检查并去除附着于胎纹之间的石粒及杂物，检查轮胎磨损情况，确保胎的胎纹深度在建议的深度内。（   ）

二、单项选择题（选择一个正确的答案，将相应的字母填入题内的括号中）

1. 离合器安装在发动机后部的（   ）上，按照需要适时地切断或接合发动机与传动系之间的动力传递。

  A. 输出轴   B. 变速器   C. 齿轮   D. 飞轮

2. 变速器可以改变发动机输出转速的高低、转矩的大小以及输出轴的旋转方向，（   ）切断发动机向驱动轮的动力传递。

  A. 不可以   B. 可以   C. 始终   D. 保持

3. 差速器将主减速器传来的动力分配给左右两半轴，（   ）左右两半轴以不同角速度旋转，以满足左右两驱动轮在行驶过程中差速的需要。

  A. 允许   B. 不允许   C. 保持   D. 连接

4. 发动机前置前轮驱动布置型式的汽车，下坡制动时，汽车重量（   ）负荷过重，易发生翻车现象。

  A. 后移使后轮 B. 后移使前轮 C. 前移使后轮 D. 前移使前轮

5. 发动机后置后轮驱动的汽车，发动机（ ）比较困难。

  A. 传动 B. 布置 C. 散热 D. 安装

6. 汽车在行驶中，由于需要经常保持动力传递，故离合器经常处于（ ）状态。

  A. 分离 B. 接合 C. 摩擦 D. 打滑

7. 汽车紧急制动时，由于离合器的（ ），限制了传动系所承受的最大转矩，防止传动系过载。

  A. 打滑 B. 摩擦 C. 接合 D. 压紧

8. 汽车常用的离合器采用的是（ ）离合器。

  A. 弹力式 B. 摩擦式 C. 液力式 D. 电磁式

9. 摩擦式离合器的压紧弹簧作用在主动件压盘上，将带有摩擦衬片的从动盘压紧在（ ）和压盘之间。

  A. 主动件 B. 从动盘 C. 飞轮 D. 摩擦片

10. 离合器的摩擦力矩（ ）发动机的最大转矩，才能传递发动机的最大转矩。

  A. 小于 B. 大于 C. 等于 D. 90%

11. 单片式离合器结构简单、（ ）、散热良好、工作可靠，从动部分的转动惯量小。

  A. 平衡迅速 B. 反应迅速 C. 分离彻底 D. 接合彻底

12. 由于总体尺寸的限制，单片式离合器所能传递的（ ）。

  A. 转矩小 B. 转矩大 C. 转速低 D. 转速高

13. 双片式离合器大多使用在一些（ ）汽车上。

  A. 小型 B. 特种 C. 轻型 D. 重型

14. 中央弹簧式离合器的压紧弹簧通过（ ）作用将弹簧的张力放大数倍后作用在压盘上，压紧力较大。

  A. 压紧 B. 弹力 C. 杠杆 D. 伸长

15. 膜片弹簧式离合器具有在（ ）时所需操纵力较小的特点。

  A. 工作 B. 接合 C. 分离 D. 摩擦

16. 膜片弹簧式离合器在从动盘摩擦片磨损后，能（　　）压紧力。
    A. 手动调节　　　B. 自动调节　　　C. 任意调节　　　D. 自动降低

17. 离合器分离杠杆的调整时，其分离杠杆内端工作面应调整在同一平面上，高低误差一般应在（　　）mm范围内。
    A. 0.10～0.20　　B. 0.20～0.30　　C. 0.30～0.40　　D. 0.40～0.50

18. 离合器踏板自由行程过小，会造成离合器（　　）。
    A. 打滑　　　　　B. 分离不彻底　　C. 发抖　　　　　D. 发响

19. 离合器摩擦片磨损变薄、硬化、铆钉外露或沾有油污会造成离合器（　　）。
    A. 打滑　　　　　B. 分离不彻底　　C. 发抖　　　　　D. 发响

20. 维修时所更换的摩擦片过厚，会造成离合器（　　）。
    A. 打滑　　　　　B. 分离不彻底　　C. 发抖　　　　　D. 发响

21. 传动系传动比等于变速器传动比和主减速器传动比之（　　）。
    A. 和　　　　　　B. 差　　　　　　C. 乘积　　　　　D. 商

22. 一对齿数不同的齿轮啮合传动时，两齿轮的转速与其齿数成（　　）关系。
    A. 正比　　　　　B. 反比　　　　　C. 等比　　　　　D. 倍数

23. 普通齿轮变速器也叫（　　）式变速器。
    A. 定子　　　　　B. 定轴　　　　　C. 变轴　　　　　D. 固定

24. 变速器直接挡的传动比为（　　）。
    A. 大于1　　　　B. 小于1　　　　C. 等于1　　　　D. 等于0

25. 自锁装置是确定滑动齿轮与接合套正确的轴向定位，即啮合时全齿长参加工作，防止自行（　　）。
    A. 脱挡　　　　　B. 乱挡　　　　　C. 冲击　　　　　D. 卡住

26. 同步器的基本原理是利用变速器输入端零件的惯性力矩产生（　　），防止齿轮同步前啮合。
    A. 推力作用　　　B. 旋转作用　　　C. 锁止作用　　　D. 加速作用

27. 锁销式惯性同步器由低速挡挂入高速挡时，靠摩擦作用实现接合套（　　）与高速齿轮趋于同步。

A. 降速　　　　B. 升速　　　　C. 等速　　　　D. 同速

28. 变速器油面应保持在检视口下沿不低于（　　）mm 的位置，通气塞应保持畅通。
A. 5　　　　　B. 10　　　　　C. 15　　　　　D. 20

29. 变速器的不正常声响，主要是由于轴承磨损松旷、壳体变形、齿轮间隙不正常和（　　）而引起的噪声。
A. 齿轮裂纹　　B. 轴有裂纹　　C. 无同步器　　D. 缺油

30. 二级维护前的检查作业中还要检查变速器是否有（　　）和了解变速器已经发生的有规律性的小修，以及是否有断裂的可能。
A. 壳体裂纹　　B. 运转异响　　C. 挂挡异常　　D. 输出困难

31. 变速器无负荷时不响，而有负荷时发响，其故障部位为（　　）。
A. 齿轮　　　　B. 齿轮轴　　　C. 轴承　　　　D. 壳体

32. 自锁装置失效，将引起变速器（　　）。
A. 跳挡　　　　B. 乱挡　　　　C. 异响　　　　D. 换挡困难

33. 若变速器的互锁机构失效，则会造成（　　）。
A. 异响　　　　B. 乱挡　　　　C. 跳挡　　　　D. 换挡困难

34. 普通十字轴万向节允许两轴在夹角不大于（　　）的情况下工作。
A. 10°　　　　B. 20°　　　　C. 30°　　　　D. 40°

35. 在装复传动轴时要特别注意使两端的双普通十字轴万向节叉处于（　　）。
A. 不同方向　　B. 同一方向　　C. 不同平面内　D. 同一平面内

36. 普通双万向节传动能解决（　　）等速传动的问题。
A. 实际　　　　B. 周期　　　　C. 部分　　　　D. 全部

37. 万向节叉突缘连接螺栓和中间支承支架的固定螺栓等，（　　）的力矩拧紧。
A. 应按最大　　B. 应按最小　　C. 应按规定　　D. 应按相同

38. 对传动轴的十字轴、传动轴滑动叉、中间支承轴承等加注（　　）。
A. 润滑油　　　B. 润滑脂　　　C. 齿轮油　　　D. 机油

39. 为方便拆卸传动轴，车辆应停放在（　　）的路面上，楔住汽车的前后轮。
A. 坡度　　　　B. 水平　　　　C. 10%坡度　　D. 15%坡度

40. 汽车起步时有撞击声，行驶中始终有异响，系万向传动装置（　　）所致。
   A. 静不平衡　　　B. 配合松旷　　　C. 装配不当　　　D. 动不平衡

41. 行驶中有异响并伴随车身振动，系万向传动装置（　　）所致。
   A. 动不平衡　　　B. 配合松旷　　　C. 静不平衡　　　D. 动平衡

42. 汽车行驶时，传动轴声响随车速增大而增大，一般为（　　）响。
   A. 十字轴轴承　　B. 中间支承轴承　C. 中间支承　　　D. 突缘连接处

43. 驱动桥是将从（　　）经万向传动装置输送来的发动机动力最后传给驱动轮。
   A. 曲轴　　　　　B. 飞轮　　　　　C. 离合器　　　　D. 变速器

44. 输入驱动桥的动力经主减速器减速增扭，并使转矩的旋转方向做（　　）的改变。
   A. 45°　　　　　 B. 90°　　　　　 C. 180°　　　　　D. 360°

45. 主减速器可以保证汽车在平坦良好的道路上具有（　　）。
   A. 最低速度　　　B. 最高速度　　　C. 平均速度　　　D. 安全速度

46. 单级主减速器有（　　）对锥齿轮传动，具有结构简单、质量小、体积小、传动效率高等优点。
   A. 一　　　　　　B. 二　　　　　　C. 三　　　　　　D. 四

47. 锥齿轮按齿形通常可分为螺旋锥齿轮型和（　　）齿轮型两种。
   A. 单曲面　　　　B. 双曲面　　　　C. 单球面　　　　D. 双球面

48. 汽车转弯时，差速器中的行星齿轮（　　）。
   A. 只有公转，没有自转　　　　　　B. 只有自转，没有公转
   C. 既无公转，又无自转　　　　　　D. 既有公转，又有自转

49. 当一侧半轴齿轮的转速为零时，则另一半轴齿轮的转速是差速器转速的（　　）倍。
   A. 一　　　　　　B. 两　　　　　　C. 三　　　　　　D. 四

50. 汽车在泥泞或冰雪路面行驶时，差速锁能将差速器锁住，使差速作用（　　）。
   A. 增加　　　　　B. 降低　　　　　C. 失去　　　　　D. 保持

51. 驱动桥维护时，可以推动轮毂来检查轴承的松紧度，（　　）松旷量。
   A. 允许有　　　　　　　　　　　　B. 不允许有
   C. 有明显手感　　　　　　　　　　D. 应无明显手感

52. 检查后桥在正常工作时的油温是否超过（　　）℃并伴有异响。
    A. 50　　　　　B. 60　　　　　C. 70　　　　　D. 80

53. 汽车行驶时，出现无规律的"咯叭"声，多由于（　　）而引起。
    A. 轴承间隙过大　　　　　B. 啮合间隙过大
    C. 金属块卡在啮合面间　　D. 无油

54. 在汽车加速后急松油门又减速时，后桥发响，且车速越高声响越大，一般为（　　）所致。
    A. 轴承间隙过小　　　　　B. 啮合间隙过大
    C. 啮合间隙过小　　　　　D. 无油

55. 汽车急剧改变车速或上坡时，听到后桥发响，一般为（　　）所致。
    A. 啮合间隙过大　　　　　B. 啮合间隙过小
    C. 轴承间隙过小　　　　　D. 内侧驱动轮

56. 接受传动系的动力，通过驱动轮与路面的作用产生（　　），使汽车正常行驶。
    A. 摩擦力　　　B. 驱动力　　　C. 正压力　　　D. 法向力

57. 行驶系承受并传递路面作用于车轮上的各种（　　）及力矩。
    A. 合力　　　　B. 分力　　　　C. 正力　　　　D. 反力

58. 车架除承受静载荷外，还要承受汽车行驶时的各种（　　）。
    A. 静摩擦　　　B. 动摩擦　　　C. 动载荷　　　D. 轻载荷

59. 轿车和客车为了减轻自重，而以车身兼代车架，这种车身称为"（　　）"，即所谓的无梁式车身。
    A. 承重式车身　B. 承载式车身　C. 全载式车身　D. 轻载式车身

60. 车架要有足够的强度和合适的刚度，形状尺寸还应保证前轮（　　）要求的空间。
    A. 转向　　　　B. 安装　　　　C. 定位　　　　D. 旋转

61. 车桥按悬架的结构形式可分为（　　）两种。
    A. 断开式和非断开式　　　B. 组合式和断开式
    C. 分体式和统一式　　　　D. 组合式和分体式

62. 安装转向轮的车桥叫（　　）。

A. 驱动桥　　　　B. 转向桥　　　　C. 转向驱动桥　　　　D. 支持桥

63. 车轮由轮毂、轮辋和（　　）组成。
A. 轮边　　　　B. 轮圈　　　　C. 轮胎　　　　D. 轮轴

64. 子午线轮胎帘布层帘线排列的方向与轮胎子午线断面呈（　　）。
A. 30°　　　　B. 60°　　　　C. 90°　　　　D. 一致

65. 子午线轮胎比普通轮胎滚动阻力可减少25％～30％，油耗可降低（　　）左右。
A. 5％　　　　B. 8％　　　　C. 12％　　　　D. 15％

66. 前轮定位包括主销后倾、主销内倾、前轮外倾及（　　）四项内容。
A. 前轮定位　　　　B. 后轮定位　　　　C. 前轮后束　　　　D. 前轮前束

67. 转向车轮、转向节和前轴三者与车架的安装保持有一定的相对位置称为转向轮定位，也叫（　　）定位。
A. 前轮　　　　B. 后轮　　　　C. 前轴　　　　D. 前束

68. 汽车悬架可分为独立悬架和（　　）两大类。
A. 半独立悬架　　　　B. 非独立悬架　　　　C. 断开悬架　　　　D. 整体悬架

69. 弹性元件使车架与车桥的连接具有弹性，吸收、缓和（　　）冲击和振动。
A. 车轮　　　　B. 车轴　　　　C. 导向装置　　　　D. 路面

70. 两侧车轮分别装在一整体式的车轴两端，车轴通过弹性元件与车架连接，这种悬架称为（　　）悬架。
A. 全支撑　　　　B. 独立　　　　C. 非独立　　　　D. 半支撑

71. 钢板弹簧是由若干（　　）的合金钢板组合而成。
A. 长度相等　　　　B. 长度不等　　　　C. 宽度相等　　　　D. 宽度不等

72. 在独立悬架弹性元件的变形范围之内，汽车两侧车轮可以（　　）。
A. 互相联动　　　　B. 互相影响　　　　C. 单独运动　　　　D. 弹性运动

73. 按照车轮的运动形式，独立悬架可分为车轮横向摆动式、车轮纵向摆动式和车轮（　　）。
A. 横向移动式　　　　B. 纵向移动式　　　　C. 垂直移动式　　　　D. 平行移动式

74. 汽车转向系一般由（　　）、转向传动机构以及操纵机构三大部分组成。
A. 转向器　　　　B. 转向盘　　　　C. 转向轴　　　　D. 转向节

75. 转向横拉杆、（　　）以及前轴形成转向梯形机构，用以保证两侧转向轮偏转角具有一定的相互关系。
  A. 矩形臂　　　　B. 梯形臂　　　　C. 直拉杆　　　　D. 转向节臂

76. 汽车转向时，内转向轮的偏转角（　　）外转向轮的偏转角。
  A. 大于　　　　　B. 小于　　　　　C. 等于　　　　　D. 不等于

77. 由转向中心到（　　）中心的距离称为汽车的转向半径。
  A. 内侧转向轮　　B. 外侧转向轮　　C. 内侧驱动轮　　D. 外侧驱动轮

78. 内转向轮偏转角大于外转向轮偏转角，是由（　　）来实现的。
  A. 转向机构　　　　　　　　　　　B. 转向梯形机构
  C. 横拉杆　　　　　　　　　　　　D. 直拉杆

79. 经常在良好路面上行驶的汽车多用（　　）转向器。
  A. 可逆式　　　　B. 不可逆式　　　C. 可变式　　　　D. 不可变式

80. 动力转向装置与齿条式转向器配合，多用于（　　）。
  A. 小轿车　　　　B. 货车　　　　　C. 旅游客车　　　D. 半挂牵引车

81. 整体式转向驱动桥具有一般驱动桥所具有的（　　）、差速器和半轴等。
  A. 万向节　　　　B. 转向器　　　　C. 主减速器　　　D. 梯形机构

82. 整体式转向驱动桥的主销分成上下两段，固定在万向节的（　　）支座上。
  A. 圆形　　　　　B. 矩形　　　　　C. 球形　　　　　D. U形

83. 前轮外倾角的作用是提高转向轮（　　）和转向操纵的轻便性。
  A. 稳定性　　　　　　　　　　　　B. 主销后倾斜度
  C. 工作的安全性　　　　　　　　　D. 稳定直线性

84. 非独立悬架式前桥前轮定位中的主销内倾、主销后倾、前轮外倾完全由前桥结构来保证，是（　　）。
  A. 可调的　　　　B. 不可调的　　　C. 分开调整的　　D. 整体调整的

85. 前轮前束通过旋转（　　）进行调整。
  A. 前轮　　　　　B. 主销　　　　　C. 直拉杆　　　　D. 横拉杆

86. 调整前束时，两侧前轮（　　）、气压差以及平衡性能应符合原厂规定。

A. 轮胎方向　　　B. 轮胎气压　　　C. 轮毂直径　　　D. 轮辋宽度

87. 调整前束时，车辆左、右同名点的离地高度（　　）。
    A. 应不同　　　B. 应相同　　　C. 应确保　　　D. 无所谓

88. 调整前束尺两根链条的长度应（　　）前轮轴线的离地高度。
    A. 大于　　　B. 小于　　　C. 等于　　　D. 不等于

89. 前束值等于测量出的同名点在轮轴后方的距离（　　）在轮轴前方的距离。
    A. 加　　　B. 减　　　C. 乘　　　D. 除

90. 非独立悬挂的前轮定位可以调整的项目为（　　）。
    A. 主销内倾　　　B. 主销后倾　　　C. 前轮前束　　　D. 直拉杆

91. 非独立悬挂的前束的调整方法是通过（　　）横拉杆，用以改变横拉杆长度的方法加以调整。
    A. 转动　　　B. 摆动　　　C. 移动　　　D. 拆卸

92. 安装转向垂臂时，应将转向车轮处于直线位置，取方向盘总圈数的（　　）将转向垂臂装上。
    A. 1/5　　　B. 1/4　　　C. 1/2　　　D. 1/3

93. 发生转向沉重时，与正常驾驶比较，驾驶员要使用（　　）才能转动方向盘。
    A. 更小的力　　　B. 更大的力　　　C. 相同的力　　　D. 不同的力

94. 转向沉重原因之一有可能是横、直拉杆球头销装配过紧或接头（　　）。
    A. 过松　　　B. 过紧　　　C. 缺油　　　D. 变形

95. 汽车直线行驶时，如果转向盘不稳，会引起转向盘（　　）。
    A. 上下摆动　　　B. 左右摆动　　　C. 上下移动　　　D. 左右移动

96. 转向节主销与衬套磨损严重，配合间隙（　　），会造成转向盘不稳。
    A. 过小　　　B. 过大　　　C. 正常　　　D. 过盈

97. 当（　　）和轮辋变形时，转向盘会发生不稳现象。
    A. 车架　　　B. 车身　　　C. 轮胎　　　D. 轮毂

98. 单边转向不足有可能是有一边前轮转向角限位螺钉（　　）。
    A. 过长　　　B. 过短　　　C. 过小　　　D. 脱落

99. 单边转向不足原因之一是前钢板弹簧螺栓松动或中心螺栓（　　）。
   A. 过紧　　　　B. 过松　　　　C. 开裂　　　　D. 折断

100. 当地面制动力等于附着力时，随摩擦力矩的继续增大，地面制动力（　　）。
   A. 也相应增大　　　　　　　　B. 不能相应增大
   C. 相应减小　　　　　　　　　D. 不变化

101. 汽车制动时，（　　）作用一个向后的作用力，此作用力即为制动力。
   A. 路面对车轮　B. 路面对车身　C. 车轮对路面　D. 车身对路面

102. 制动时，制动蹄对制动鼓作用一个（　　），其方向与车轮旋转方向相反。
   A. 旋转力矩　　B. 滚动力矩　　C. 扭转力矩　　D. 摩擦力矩

103. 当制动力增加到与附着力相等时，摩擦力矩再增大也不能使制动力（　　）。
   A. 保持不变　　B. 保持稳定　　C. 相应增大　　D. 相应减小

104. 车轮处在将要滑移而又不滑移的过渡状态时，制动效能（　　）。
   A. 最低　　　　B. 最高　　　　C. 平均　　　　D. 为零

105. 盘式制动器摩擦副中的旋转元件为圆盘状的制动盘，其（　　）为工作表面。
   A. 一端　　　　B. 两端　　　　C. 前端　　　　D. 后端

106. 鼓式车轮制动器多为（　　）式制动器。
   A. 外张双蹄　　B. 外张单蹄　　C. 内张双蹄　　D. 内张单蹄

107. 汽车行驶制动时，前端是助势端而后端是减势端的制动器是（　　）制动器。
   A. 单向平衡式　　　　　　　　B. 简单非平衡式
   C. 自动增力式　　　　　　　　D. 平衡式

108. 简单非平衡式车轮制动器的特点之一是（　　）。
   A. 前进时，制动效果较倒车好
   B. 前制动蹄的磨损比后制动蹄快
   C. 前后制动蹄受力是一致的
   D. 前制动蹄与制动鼓的间隙较后制动蹄大

109. 汽车倒车制动时，由于摩擦力方向的改变，简单非平衡式制动器的左制动蹄转化为（　　）。

A. 增势蹄　　　　B. 减势蹄　　　　C. 平衡蹄　　　　D. 增力蹄

110. 双管路液压制动传动机构是利用（　　）的双腔制动主缸，通过两套独立管路，分别控制两桥或三桥的车轮制动器。

A. 彼此相通　　　B. 彼此独立　　　C. 彼此联动　　　D. 前后联动

111. 气压式制动传动机构制动操纵省力、制动强度大、踏板行程小，（　　）发动机的动力。

A. 不需要消耗　　B. 需要消耗　　　C. 节省　　　　　D. 平衡

112. 汽车制动系技术状况的好坏对行车的安全（　　）。

A. 没有直接关系　　　　　　　　　B. 只有间接关系

C. 至关重要　　　　　　　　　　　D. 无关紧要

113. 汽车气压制动系一级维护时，主要是检查和（　　）作业。

A. 修理　　　　　B. 紧固　　　　　C. 保养　　　　　D. 更换

114. 制动失效的主要现象是将制动踏板（　　）时，制动装置不起制动作用。

A. 踩到有压力　　　　　　　　　　B. 踩到一半

C. 踩到三分之二　　　　　　　　　D. 踩到底

115. 当制动拖滞时，属制动控制阀故障的为（　　）。

A. 进气间隙过大　　　　　　　　　B. 排气间隙过大

C. 排气间隙过小　　　　　　　　　D. 进气间隙过小

116. 双管路挂车或半挂车的制动系统中应配置的控制阀是（　　）。

A. 挂车控制阀　　B. 分配阀　　　　C. 应急继动阀　　D. 气动阀

117. 气压制动系各部的连接软管必须每年或每行驶（　　）km更换一次。

A. 40 000　　　　B. 50 000　　　　C. 60 000　　　　D. 70 000

118. 液压制动管路中混有空气，汽车制动时会造成（　　）。

A. 制动失效　　　B. 制动不灵　　　C. 制动跑偏　　　D. 制动侧滑

119. 液压制动管路放空气应先从（　　）开始，重复操作，直至所有空气排净为止。

A. 制动主缸　　　B. 轮缸　　　　　C. 储液罐　　　　D. 管路

120. 轿车制动系一般采用带有真空助力的液压系统，其调整包括踏板自由高度的调整、

（　　）的调整和剩余高度的调整等。

A. 自主行程　　B. 自由过程　　C. 自由行程　　D. 自动过程

121. 摩擦片光磨后与制动鼓的接触面积应大于（　　）以上。

A. 50%　　B. 70%　　C. 60%　　D. 80%

122. 制动踏板无自由行程，汽车制动时会造成制动（　　）。

A. 失效　　B. 拖滞　　C. 跑偏　　D. 不够灵敏

123. 装配制动控制阀平衡弹簧，若预紧力调整过小，则会（　　）。

A. 气压过大　　B. 气压过小　　C. 拖滞　　D. 失效

124. 储气筒内压缩空气不足，汽车制动时，会造成（　　）。

A. 制动失效　　B. 制动拖滞　　C. 制动不良　　D. 制动跑偏

125. 汽车技术状况下降的具体表现为动力性下降、经济性变坏和（　　）。

A. 舒适性下降　　B. 灵活性不够　　C. 可靠性变坏　　D. 出现振动

126. 汽车动力性下降是指最高车速降低、加速时间增加、加速距离增加和（　　）。

A. 制动距离增加　　　　　　B. 发动机转速下降
C. 转向盘不稳　　　　　　　D. 爬坡能力下降

127. 汽车经济性变坏，表现为燃料消耗增多和（　　）。

A. 气缸压力减小　　　　　　B. 润滑油消耗增多
C. 车速慢　　　　　　　　　D. 齿轮油消耗增多

128. 为了减少机件磨损，必须控制行车速度，正确选用挡位，提倡（　　）。

A. 高速行驶　　B. 中速行驶　　C. 低速行驶　　D. 滑行

129. 两个相配合零件的配合间隙已达到最大磨损限度，磨损量急剧增加的这一阶段称为（　　）阶段。

A. 早期磨损　　B. 初始磨损　　C. 极限磨损　　D. 正常磨损

130. 一般选用柴油的凝点应低于当地最低气温（　　）℃，并应尽量缩短高凝点柴油的使用时间以降低运输成本。

A. 1～3　　B. 2～4　　C. 3～5　　D. 4～6

131. 汽车驾驶员的（　　）对汽车技术状况变化和使用寿命的影响尤为显著。

  A. 汽车知识 B. 修理技术 C. 操作技术 D. 保养技术

132. 汽车大修是用（ ）车辆任何零部件的方法，恢复汽车的完好技术状况，完全或接近完全恢复车辆寿命的恢复性修理。

  A. 保养或更换 B. 修理或更换 C. 修理或维护 D. 修理或保养

133. 零件维修应考虑到（ ）和符合经济的原则。

  A. 有使用价值 B. 有修复价值 C. 节约 D. 方便

134. 客车的大修标志和送修标准是以（ ）为主。

  A. 车厢 B. 发动机 C. 底盘 D. 电器

135. 汽车送大修时，随车使用的工具和备用品，不属于汽车附件范围的，应由（ ）保管。

  A. 送修单位 B. 修理单位 C. 不一定 D. 驾驶员

136. 汽油机最大功率较标准降低（ ）以上，或气缸压力达不到标准的75%须送修。

  A. 20% B. 25% C. 30% D. 15%

137. 肇事或特殊原因不能行驶和短缺零、部件的送修汽车，（ ）做出相应的说明。

  A. 应在签订合同时 B. 无须

  C. 法人 D. 车管所

138. 汽车送修时，装备要齐全，不得拆换和缺少。总成送修时，应在装合状态，（ ）附件、零件。

  A. 可以拆换或短缺 B. 均不得拆换或短缺

  C. 可以拆换 D. 允许短缺

139. 发动机修竣后验收应在冷却水温达到（ ）℃时，测量气缸压力和机油压力。

  A. 55～65 B. 65～75 C. 75～85 D. 85～90

140. 一般大、中型汽车在平坦的混凝土路面上以 20 km/h 速度制动时，其制动距离不得超过（ ）m。

  A. 1.4 B. 2.4 C. 3.4 D. 4.0

141. 大修竣工后检查汽车动力性能，一般载重车辆，在干燥平坦的路面上直接挡，从 20 km/h 加速到 40 km/h 不超过 25 s，小汽车不超过（ ）s。

A. 7　　　　　B. 8　　　　　C. 9　　　　　D. 10

142. 前照灯检测仪主要有（　　）、屏幕式、投影式和自动追踪光轴式等。
   A. 聚光式　　　B. 散光式　　　C. 激光式　　　D. 反光式

143. 检验汽车的制动性能可以用（　　）的方法。
   A. 路试　　　B. 台试　　　C. 路试和台试　　　D. 路试和测量

144. 汽车容量，就是汽车能同时运输的货物数量、重量或（　　）。
   A. 乘客人数　　　B. 乘客的重量　　　C. 汽车的自重　　　D. 货物的质量

145. 在汽车使用寿命和重量相同的情况下，汽车的（　　），载重量越大，载重利用系数越高。
   A. 功率越大　　　B. 自重越轻　　　C. 转速越高　　　D. 重心越低

146. 行驶速度越高，汽车的（　　）。
   A. 生产率越低　　　B. 生产率越高　　　C. 功率越平均　　　D. 成本越高

147. 汽车超车加速能力强，并行行驶（　　），行驶就安全。
   A. 时间短　　　B. 时间长　　　C. 越快　　　D. 越慢

148. 汽车在公路上能正常行驶，必须具备一定的（　　）和加速能力。
   A. 最高速度　　　B. 最低速度　　　C. 平均速度　　　D. 行驶速度

149. 在不平路面上汽车动力性能（　　）汽车允许的行驶速度。
   A. 不决定　　　B. 决定　　　C. 适应　　　D. 符合

150. 冲击和振动常使乘客引起不舒服的疲劳感觉，并且（　　）。
   A. 有损货物的完整程度　　　B. 有损货物的质量
   C. 有损汽车的完整程度　　　D. 有损汽车的行驶

151. 汽车燃料经济性，是指汽车以（　　）的燃料消耗量完成单位运输工作的能力。
   A. 最便宜　　　B. 最好　　　C. 最小　　　D. 最大

152. 燃料费用在运输成本中占（　　），所以减少燃料消耗是降低成本的主要措施。
   A. 10%～20%　　　B. 20%～30%　　　C. 30%～40%　　　D. 40%～50%

153. 降低油耗最有效的重要措施之一是减轻汽车（　　）。
   A. 排量　　　B. 装载质量　　　C. 质量　　　D. 总质量

154. 汽车的稳定性是指（　　）。

　　A. 抵抗道路不平而颠簸的能力　　　B. 抵抗侧滑和倾翻的能力

　　C. 抵抗振动的能力　　　　　　　　D. 抵抗晃动的能力

155. 汽车横向稳定性则是汽车不产生侧滑和不至于以（　　）的支承线为支点而倾覆。

　　A. 前轮　　　B. 后轮　　　C. 左（或右）轮　　　D. 前后轴

156. 气温越高，空气的（　　），因而降低了发动机的充气系数。

　　A. 密度越大　　　B. 密度越小　　　C. 含氧量越大　　　D. 含氧量越小

157. 发动机工作温度越高，机油的（　　）。

　　A. 变质越快　　　B. 变质越慢　　　C. 质量不变　　　D. 重量不变

158. 改善汽车高温条件下使用性能，要（　　）、加强技术维护、适当推迟点火时间。

　　A. 提高冷却强度　　　　　　　　　B. 勤换机油

　　C. 适当调大间隙　　　　　　　　　D. 适当提前点火时间

159. 加强检查电解液的密度和液面高度并视需要添加（　　）。

　　A. 自来水　　　B. 蒸馏水　　　C. 硫酸　　　D. 盐酸

160. 汽车在夏季运行时，由于外界气温高，轮胎散热较慢，使轮胎（　　），易引起轮胎爆破。

　　A. 磨损加快　　　B. 磨损变慢　　　C. 气压增高　　　D. 气压降低

161. 蓄电池在低温时，内电阻增大，造成蓄电池容量及端电压（　　）。

　　A. 下降　　　B. 上升　　　C. 输出稳定　　　D. 输出增大

162. 汽车在低温条件下使用，机件（　　），燃料消耗增加。

　　A. 散热加快　　　B. 润滑良好　　　C. 磨损加剧　　　D. 磨损减轻

163. 改善汽车低温条件下使用性能的措施是（　　）、加强保温、加注防冻液、选用低牌号的机油。

　　A. 预热发动机　　　　　　　　　　B. 油箱烘烤

　　C. 高速行驶　　　　　　　　　　　D. 适当延迟点火时间

164. 柴油机在低温条件下要使用（　　）柴油。

　　A. 高凝点　　　B. 低凝点　　　C. 重　　　D. 轻

165. 在低温条件下要注意保持蓄电池电解液的（　　）和蓄电池保温。
 A. 高位　　　　B. 低位　　　　C. 合适密度　　　D. 合适电量

166. 若前轮前束不符合标准，油耗将提高约（　　）。
 A. 5%～10%　　B. 10%～15%　　C. 15%～20%　　D. 20%～25%

167. 当水温在（　　）℃时，油耗增加8%～10%。
 A. 30～40　　　B. 40～50　　　C. 50～60　　　D. 60～70

168. 汽车滑行性能的好坏，直接影响燃料的消耗，要节能必须前轮定位正确、轮胎气压符合标准、制动无拖滞和（　　）。
 A. 转向器自由行程大　　　　B. 前轮转向要小
 C. 飞轮平衡　　　　　　　　D. 离合器不打滑

169. 若轮胎气压比正常值低49～98 kPa，就会增加油耗（　　）。
 A. 0～5%　　　B. 5%～10%　　C. 10%～15%　　D. 20%～30%

170. 合理使用制动器，充分利用（　　）来节约燃料。
 A. 刹车　　　　B. 减速　　　　C. 以滑代刹　　　D. 以刹代滑

171. 提高汽车的平均车速是节油的有效途径，如以平均车速35 km/h与平均车速20 km/h相比较，后者较前者平均车速下降43%，但油耗却增加（　　）。
 A. 10%　　　　B. 15%　　　　C. 25%　　　　D. 40%

172. 为了减少机件磨损，必须控制行车速度，正确选用挡位，提倡（　　）行驶。
 A. 高速　　　　B. 中速　　　　C. 低速　　　　D. 匀速

173. 汽车起步加速到同样的速度，缓加速要比快加速少耗油（　　）倍。
 A. 1　　　　　B. 2　　　　　C. 3　　　　　D. 4

174. 节油的有效措施是完善油耗考核奖惩制度，正确选择与合理使用车辆，正确选用燃润料与（　　），推广节油新技术、新产品，进行驾驶员轮训等。
 A. 轮胎　　　　B. 冷却方式　　C. 节油技术　　　D. 行驶方向

175. 汽油车废气排放主要用（　　）污染物排放量来衡量。
 A. 高速　　　　B. 中速　　　　C. 低速　　　　D. 怠速

176. 汽车维修质量检验是指采用一定的检验测试手段和检查方法测定汽车（　　）的

质量特性。

  A. 维修前 B. 维修后 C. 维修中 D. 运转时

177. 汽车送检是对维修车辆（　　）性能的检测，维修车辆校测合格方可发给出厂合格证。

  A. 个别 B. 整体 C. 总成 D. 自制件

178. 大修车辆或总成解体、清洗后，零件应按（　　）进行检验分类，将原零件分为可用的、需修的和报废的三大类。

  A. 实际情况 B. 技术标准 C. 成本 D. 新旧

179. 有效的管理方法，主要是及时收集汽车燃油消耗的（　　）。

  A. 理论数据 B. 原始数据 C. 比较数据 D. 计算数据

180. 一个企业的（　　）是以质量为中心，全员参与为基础，目的在于通过让顾客满意和本企业所有成员及社会受益而达到长期成功的管理途径。

  A. 全面质量管理 B. 质量管理
  C. 素质管理 D. 人员管理

181. 轮胎气压对轮胎行驶里程有一定的影响，当轮胎气压降低20%时，轮胎的行驶里程将缩短（　　）。

  A. 10% B. 15% C. 20% D. 25%

182. 在使用新轮胎和旧轮胎时，（　　）按照各车型规定的标准工作气压进行充气。

  A. 均需 B. 无需 C. 新轮胎 D. 旧轮胎

183. 在汽车使用中，轮胎消耗费约占运输成本的（　　）。

  A. 5%~10% B. 10%~15% C. 15%~20% D. 20%~25%

184. 开车坚持中速行驶，注意选择路面，在转弯和坏路面上行驶速度要（　　）。

  A. 适当加快 B. 适当降低 C. 匀速 D. 怠速

185. 翻修胎一般都装在（　　）上使用，以确保行车安全。

  A. 前轴 B. 后轴 C. 左轮 D. 右轮

186. 车辆长期处于超负荷运转状态，会使车辆的（　　）等安全性能迅速下降。

  A. 制动 B. 操作 C. 制动和操作 D. 行驶和操作

187. 在高速公路行驶时，应尽可能保持中速行驶，不宜追求过高车速；否则油耗增大，磨损加剧，甚至发生（　　）等恶性事故。
  A. 甩尾　　　　B. 爆胎　　　　C. 侧滑　　　　D. 抖动

188. 在长而陡的坡道上严禁熄火空挡滑行，应以高挡、不熄火滑行，利用（　　），并施加间歇制动，控制车速。
  A. 发动机动力　B. 发动机阻力　C. 惯性　　　　D. 重量

189. 轮辋过宽，会使胎肩接地（　　），胎面磨损不均匀，加速胎肩部生热脱空，导致轮胎爆破。
  A. 面积减少　　B. 面积增加　　C. 迅速　　　　D. 变慢

190. 轮胎使用时，在负荷外力的作用下反复压缩伸长变形和恢复原状，轮胎变形所做的功大多数（　　）。
  A. 转变为振动　B. 转变为摩擦　C. 转变为热量　D. 转变为动力

191. 在一个车桥上（　　）同时装用子午线轮胎和斜交轮胎。
  A. 允许　　　　B. 禁止　　　　C. 视情　　　　D. 无所谓

192. 轮胎应在指定的速度级别指数所对应的（　　）行驶速度内使用。
  A. 最低　　　　B. 最高　　　　C. 平均　　　　D. 稳定

193. 胎压的检查必须是在轮胎（　　）的情形下进行，否则测量不准确。
  A. 高温　　　　B. 冷却　　　　C. 70℃　　　　D. 90℃

汽车电器的结构与维护

一、判断题（将判断结果填入括号中。正确的填"√"，错误的填"×"）

1. 电流的大小用电流强度衡量。　　　　　　　　　　　　　　　　　　（　　）
2. 电路中任意两点间的电位差称为这两点间的电压。　　　　　　　　　（　　）
3. 电阻的大小与导体的横截面积成正比。　　　　　　　　　　　　　　（　　）
4. 当并联的电阻相同，其总电阻等于电路并联所有的电阻个数去除一个电阻。（　　）
5. 在电路中稳压管的两端应加上正向电压。　　　　　　　　　　　　　（　　）

6. 晶体三极管的类型有 PNP 型和 NPN 型两种。　　　　　　　　　　　（　）
7. 晶体三极管饱和时相当于开关的断开状态。　　　　　　　　　　　（　）
8. 点火线圈上的附加电阻是一只等值电阻。　　　　　　　　　　　　（　）
9. 蓄电池点火系的工作特性主要是指在使用中各种条件对二次电压的影响。（　）
10. 从点火开始到活塞到达上止点的一段凸轮轴转角称为点火提前角。（　）
11. 从点火开始到活塞到达上止点的曲轴转角称为点火提前角。　　　（　）
12. 影响点火提前角的因素是发动机转速、负荷及汽油牌号。　　　　（　）
13. 在同一转速下，随着负荷的增大，最佳点火提前角不变。　　　　（　）
14. 爆燃会引起发动机动力下降，油耗增加，发动机过热，对发动机极为有害。（　）
15. 当压缩比增大时，压缩行程终了时的压力和温度增高。　　　　　（　）
16. 混合气的成分对最佳点火提前角的影响不大。　　　　　　　　　（　）
17. 在同一气缸内装有两个火花塞时，所需的点火提前角比用一个火花塞时要小。
　　　　　　　　　　　　　　　　　　　　　　　　　　　　　　（　）
18. 既使同一台发动机由于大气压不同，其动力性和燃油经济性也不同。（　）
19. 发动机在起动和怠速时，混合气燃烧速度较慢。　　　　　　　　（　）
20. 普通蓄电池由极板组、隔板、电解液、外壳、联条、极桩和加液孔盖等组成。
　　　　　　　　　　　　　　　　　　　　　　　　　　　　　　（　）
21. 汽车上普通蓄电池与发电机两者的线路连接采用串联式。　　　　（　）
22. 普通蓄电池的工作特性主要是指其电流、端电压和电解液密度在充、放电过程中的变化规律。　　　　　　　　　　　　　　　　　　　　　　　　（　）
23. 普通蓄电池的放电特性是指在恒流放电过程中，蓄电池端电压的变化规律。（　）
24. 蓄电池的容量，标志着对外的供电能力。　　　　　　　　　　　（　）
25. 额定容量是检验蓄电池质量的重要指标，新蓄电池必须达到该指标，否则被视为不合格产品。　　　　　　　　　　　　　　　　　　　　　　　　　（　）
26. 蓄电池的电解液消耗过快的主要原因是发电不正常、电压忽高忽低。（　）
27. 汽车应用的电源是起动型蓄电池。　　　　　　　　　　　　　　（　）
28. 干式荷电铅蓄电池的极板组在干燥状态下，能够较长期地保存在制造过程中所得到的电荷。

29. 免维护蓄电池具有自放电少、寿命长、接线柱腐蚀少、起动性能好等优点。（　）
30. 汽车用的发电机是一种将机械能转换为电能的电气装置。（　）
31. 交流发电机是利用晶体三极管的单向导电特性将直流电变为交流电。（　）
32. 交流发电机的定子绕组所感应出的三相交流电，输出至由硅二极管组成的桥式整流电路中，从而变为直流电。（　）
33. 当发电机端电压高于蓄电池电压时，加在晶体管调节器分压器两端的电压即为发电机的端电压。（　）
34. 起动机的作用是将汽车发动机起动运转，在完成起动任务后便立即停止运转。（　）
35. 直接操纵式起动机结构简单、使用可靠，但操作不便，且当驾驶员座位距起动机较远时难以布置，目前经常使用。（　）
36. 惯性啮合式起动机，啮合机构的可靠性较差，现代汽车上已不再应用。（　）
37. 发动机起动后，放松起动按扭，保持线圈与吸引线圈串联，两线圈磁通反向，电磁力减弱。（　）
38. 判断起动机电磁开关中吸引线圈和保持线圈是否已损坏，应以通电情况下看其能否有力地吸动活动铁心为准。（　）
39. 当发动机起动后，若驾驶员未及时释放起动开关，不会造成单向离合器的磨损和蓄电池能量的消耗。（　）
40. 电枢移动式起动机是借磁极磁通的电磁力，移动整个电枢而使起动机驱动齿轮啮入飞轮齿环的。（　）
41. 齿轮移动式起动机是在强制啮合式起动机的基础上发展起来的。（　）
42. 汽车运行期间，发动机不能起动或起动后运转不均匀以及中途熄火等，大都由点火系和燃料供给系故障所致。（　）
43. 发动机不能起动时，不需要首先检查蓄电池电压。（　）
44. 当接通点火开关，起动时，电流表指示在"0"到"3～5 A"之间摆动，说明故障在低压电路。（　）

45. 当接通点火开关，起动时，电流表指示在"0"到"3～5 A"之间摆动，说明故障在高压电路。（　　）

46. 个别气缸火花塞不跳火不会造成发动机工作时运转不均匀。（　　）

47. 如果点火时间过早，发动机在起动过程中曲轴会发生反转现象。（　　）

48. 当点火线圈工作完好，而电容器断路，此时高压跳火较弱。（　　）

49. 蓄电池的正确使用以及良好维护，对蓄电池的技术性能和使用寿命有很大影响。（　　）

50. 透明外壳的蓄电池有电解液液面标准高度，电解液液面要求高于上限线。（　　）

51. 蓄电池放电程度的衡量一般用电解液密度和放电电压的测量值估算得来，或者通过车的起动判断。（　　）

52. 交流发电机运转时，严禁用"试火法"短接接线柱来检查其是否发电。（　　）

53. 发动机起动机的炭刷如磨损过多或炭刷弹簧过软，在起动时将造成转矩减小。（　　）

54. 前大灯正常时远光光束中心点能照射在距车 200 mm 左右的路面中间。（　　）

55. 雾灯采用橘红色灯泡来照明道路和发出警告。（　　）

56. 大灯的检验可以采用屏幕法或仪器检验法。（　　）

57. 按动喇叭的时间不要过长，以免烧坏触点。（　　）

58. 制动信号装置主要由制动信号灯、制动开关组成。（　　）

59. 电流表用来指示蓄电池的充电和放电电流值。（　　）

60. 水温表用于显示发动机冷却水的工作温度和水量。（　　）

61. 燃油表由安装在油箱中的传感器及安装在仪表板上的指示仪表两部分组成。（　　）

62. 车速里程表用于显示车速和行驶里程。（　　）

63. 车辆仪表板上装有发动机转速表是为了监视汽车在运行过程中的速度。（　　）

二、单项选择题（选择一个正确的答案，将相应的字母填入题内的括号中）

1. 导线中的（　　）的大小和方向随时间作周期性变化的称交流电。
　　A. 电流　　　B. 电压　　　C. 电阻　　　D. 电力

2. 电路中电流的大小和方向均不随时间的变化而改变的称（　　）。

A. 高压电　　　　B. 低压电　　　　C. 交流电　　　　D. 直流电

3. 导体中存在电流的必要条件是（　　）。

　　A. 电荷流动　　B. 电阻　　　　C. 电压　　　　　D. 低压电

4. 导体中的电流与导体两端的电压成（　　），与这段导体的电阻成反比。

　　A. 反比　　　　B. 正比　　　　C. 等比　　　　　D. 等差

5. 测量电压可用万用表（　　）在被测电路的两端进行。

　　A. 并联　　　　B. 串联　　　　C. 串并联　　　　D. 间接

6. 导体对电流起（　　）作用的能力叫电阻。

　　A. 促进　　　　B. 阻碍　　　　C. 变化　　　　　D. 激化

7. 在欧姆定律中，当电阻不变时，（　　）。

　　A. 电压越大电流不变　　　　　B. 电压越小电流越大

　　C. 电压越大电流越小　　　　　D. 电压越大电流越大

8. 根据物质电阻的大小，把物体分为导体、（　　）和绝缘体三种。

　　A. 晶体　　　　B. 流体　　　　C. 半导体　　　　D. 组合体

9. 串联电路中总电阻等于各个电阻之（　　）。

　　A. 和　　　　　B. 差　　　　　C. 积　　　　　　D. 商

10. 电阻并联后，其电路的总电阻一定比只是一个电阻时（　　）。

　　A. 要大　　　　B. 要小　　　　C. 大一倍　　　　D. 大两倍

11. 串联电路中总电压等于各个电阻电压之（　　）。

　　A. 和　　　　　B. 差　　　　　C. 积　　　　　　D. 商

12. 串联电路中流过各电阻的电流（　　）。

　　A. 不等　　　　　　　　　　　B. 相等

　　C. 总电流的三分之一　　　　　D. 总电流的二分之一

13. 并联电路中总电阻的（　　）等于各个电阻倒数之和。

　　A. 正数　　　　B. 相反数　　　C. 倒数　　　　　D. 阻值

14. 电阻并联时，加给并联各个电阻的两端电压（　　）电源电压的原值。

　　A. 不等于　　　B. 等于　　　　C. 三分之一　　　D. 二分之一

15. 硅整流二极管的（　　），二极管导通。
    A. 阳极接正极，阴极接负极　　　　B. 阳极接负极，阴极接正极
    C. 阳极接正极，阴极接正极　　　　D. 阳极接负极，阴极接负极
16. 当正向电压大于零点几伏时，二极管处于（　　）状态。
    A. 正向截止　　B. 正向导通　　C. 反向导通　　D. 反向截止
17. 晶体三极管的三个极分别是发射极、基极和（　　）。
    A. 正极　　　　B. 负极　　　　C. 集电极　　　D. 阳极
18. 晶体三极管发射极箭头（　　）为 PNP 型，箭头指示方向同时也表示电流的流动方向。
    A. 向外　　　　B. 向里　　　　C. 向上　　　　D. 向下
19. 晶体三极管具有（　　）和开关作用。
    A. 整流　　　　B. 放大　　　　C. 检波　　　　D. 调节
20. 晶体三极管具有三个工作区域，即放大、饱和与（　　）区域。
    A. 整流　　　　B. 调节　　　　C. 截止　　　　D. 导通
21. 三极管的判别分为性能判别与（　　）判别两部分。
    A. 性质　　　　B. 极性　　　　C. 方向　　　　D. 状态
22. 用万用表的（　　）挡分别测三极管的任何两个极之间的电阻，可以判别三极管的性能好坏。
    A. 电流　　　　B. 电压　　　　C. 电阻　　　　D. 电容
23. 流经点火线圈一次绕组的低压电流称为（　　）电流。
    A. 一次　　　　B. 二次　　　　C. 感应　　　　D. 稳流
24. 点火线圈的附加电阻是一个（　　）电阻，具有电阻值的大小与温度高低成正比变化的特性。
    A. 热敏　　　　B. 感应　　　　C. 冷敏　　　　D. 传感器
25. 蓄电池点火系的电路可分为低压电路和（　　）两个电流回路。
    A. 稳压电路　　B. 高压电路　　C. 变压电路　　D. 附加电路
26. 断电—配电器轴旋转，使断电器触点反复地开闭，接通或切断（　　）电路。

A. 一次 B. 二次 C. 感应 D. 稳流

27. 一次电路被切断，二次绕组中就感应出高达（　　）V 的电动势。
    A. 10 000 B. 15 000 C. 15 000～20 000 D. 25 000～30 000

28. 一次电流下降的速率（　　），铁心中的磁通变化率也越大，从而二次绕组中的感应电动势也越高。
    A. 越小 B. 越大 C. 越稳 D. 平均

29. 电感放电持续的（　　），点火更可靠，但会引起排放的废气超标。
    A. 电压高 B. 电流大 C. 时间长 D. 时间短

30. 二次电压的最大值将随发动机气缸数量的增加而（　　）。
    A. 增加 B. 降低 C. 不变 D. 随机

31. 当火花塞由于积炭严重而不能跳火时，把通往火花塞的高压导线挑起（　　）mm 高度后，火花塞就能重新工作。
    A. 1～2 B. 2～3 C. 3～4 D. 4～5

32. 当点火线圈（　　）时，由于一次绕组的电阻增大，使一次断电电流减小，也会使二次电压降低。
    A. 过热 B. 过冷 C. 通电 D. 断电

33. 从点火开始到活塞到达（　　）时曲轴转过的角度称为点火提前角。
    A. 上止点 B. 下止点 C. 中止点 D. 右止点

34. 当发动机以最小油耗，同时能获得最大（　　）时的点火提前角叫最佳点火提前角。
    A. 扭矩 B. 转速 C. 功率 D. 转矩

35. 点火提前角，一般为（　　）。
    A. 5°～10° B. 10°～12° C. 15°～20° D. 20°～25°

36. 若点火提前角（　　），就会使气缸的压力降低，发动机功率下降，并发生过热现象。
    A. 太大 B. 太小 C. 闭合 D. 开启

37. 在同一转速下，当发动机负荷增大，点火提前角（　　）。
    A. 增大 B. 减小 C. 不变 D. 转矩

38. 在同一转速下,当发动机负荷减小时,点火提前角则(   )。
    A. 增大   B. 减小   C. 不变   D. 随机

39. 在同一转速下,最佳点火提前角是随发动机负荷的增加而(   )。
    A. 增大   B. 减小   C. 不变   D. 随机

40. 当发动机转速升高时,在同一时间内,曲轴相应地转过(   )的角度。
    A. 较小   B. 较大   C. 相同   D. 不同

41. 如果混合气的燃烧速率不变,则最佳点火提前角应按(   )增长。
    A. 级数规律   B. 非线性规律 C. 线性规律   D. 曲线规律

42. 由于发动机负荷大即节气门(   ),吸入气缸的混合气量增多。
    A. 全开   B. 全闭   C. 开度小   D. 开度大

43. 吸入气缸的混合气量增多,压缩行程终了时的压力和温度增高,燃烧速度加快,说明发动机(   )。
    A. 负荷减小   B. 负荷增大   C. 转速提高   D. 转速降低

44. 发动机的爆燃与(   )有密切关系。
    A. 汽油纯度   B. 汽油品质   C. 汽油温度   D. 汽油重量

45. 常用"(   )"来表示汽油的抗爆性能。
    A. 燃烧值   B. 纯度值   C. 爆燃值   D. 辛烷值

46. 当在使用一种牌号的汽油经常发生爆燃时,应适当(   )点火提前角。
    A. 增大   B. 减小   C. 固定   D. 随机

47. 当压缩比增大时,点火提前角应(   )。
    A. 增大   B. 减小   C. 固定   D. 随机

48. 汽缸压力和温度的增高使混合气(   )加快。
    A. 形成速度   B. 燃烧速度   C. 蒸发   D. 充气

49. 当混合气的成分 $\alpha=0.8\sim0.9$ 时,所需的点火提前角(   )。
    A. 最大   B. 最小   C. 不变   D. 随机

50. 混合气燃烧速度(   )时,混合气成分为 $\alpha=0.8\sim0.9$。
    A. 固定   B. 随机   C. 最快   D. 最慢

51. 混合气过浓或过稀时,由于( ),必须增加点火提前角。
    A. 燃烧速度变慢　　　　　　　　B. 燃烧速度变快
    C. 爆燃　　　　　　　　　　　　D. 蒸发

52. 两个火花塞对称地布置在气门的两侧,且工作温度相同时,则两个火花塞( )给出火花。
    A. 应先后　　　B. 应同时　　　C. 应快速　　　D. 应短时

53. 两个火花塞位于燃烧室中温度不同的地点,由于燃烧室不同位置的火焰传播速率不同,因此,( )同一时刻给出火花。
    A. 不能　　　　B. 能　　　　　C. 能随时　　　D. 能短时

54. 进气门处火花塞的点火提前角( )排气门处的火花塞点火提前角。
    A. 稍大于　　　B. 稍小于　　　C. 等于　　　　D. 影响

55. 进气压力减小,点火提前角应该( )。
    A. 减小　　　　B. 增大　　　　C. 不变　　　　D. 随机

56. 高原地区,由于大气压力( ),空气稀薄,就应适当加大点火提前角。
    A. 低　　　　　B. 高　　　　　C. 差　　　　　D. 稳定

57. 发动机在起动和怠速时,混合气的全部燃烧时间却只占较小的( )。
    A. 凸轮轴转角　B. 位置　　　　C. 曲轴转角　　D. 空间

58. 起动和怠速时,如果点火过早,则燃烧过程可能在( )结束而使曲轴反转。
    A. 上止点以后　B. 上止点以前　C. 点火前　　　D. 点火后

59. 起动和怠速工况要求点火提前角减小或( )。
    A. 增大　　　　B. 不提前　　　C. 固定　　　　D. 随机

60. 普通蓄电池的极板是由( )和铅的氧化物构成。
    A. 锌　　　　　B. 铅　　　　　C. 铝　　　　　D. 铜

61. 电解液是( )的水溶液。
    A. 硝酸　　　　B. 醋酸　　　　C. 硫酸　　　　D. 盐酸

62. 普通蓄电池在使用过程中会发生( )现象。
    A. 加液　　　　B. 减液　　　　C. 漏液　　　　D. 漏电

63. 普通蓄电池的极板与电解液之间，在不同的条件下，能进行完全（　　）反应。

   A. 相同的电化学　　B. 相反的电化学　　C. 相同的物理　　D. 相反的物理

64. 普通蓄电池在接入外部设备之前，由于本身极板的活性物质溶解于水，使正极板上带（　　）V 的正电位。

   A. 2.0　　　　　　B. 3.0　　　　　　C. 4.0　　　　　　D. 5.0

65. 恒流充电过程中，单位时间内生成硫酸的数量是一定的，所以电解液相对密度随充电时间的延长而呈（　　）。

   A. 直线下降　　　B. 直线上升　　　C. 曲线上升　　　D. 曲线下降

66. 普通蓄电池放电终了，停止放电后，端电压回升只是一种（　　）现象。

   A. 截止　　　　　B. 饱和　　　　　C. 表面　　　　　D. 延迟

67. 普通蓄电池采用定电流充电方法时，被充蓄电池为（　　）连接。

   A. 并联　　　　　B. 串联　　　　　C. 单联　　　　　D. 短接

68. 恒流充电时，电源电压必须（　　）普通蓄电池的电动势和电池内部的压降。

   A. 克服　　　　　B. 保持　　　　　C. 等于　　　　　D. 小于

69. 充电终了时，普通蓄电池内会产生大量气泡，即出现"（　　）"现象。

   A. 气泡　　　　　B. 沸腾　　　　　C. 蒸发　　　　　D. 开锅

70. 普通蓄电池的整个放电过程分为（　　）个阶段。

   A. 一　　　　　　B. 二　　　　　　C. 三　　　　　　D. 四

71. 硫酸铅本身的（　　），放电时间越长，硫酸铅越多，内阻越大。

   A. 导电性能强　　B. 导电性能差　　C. 反应快　　　　D. 反应慢

72. 蓄电池的容量指的是一只（　　）的蓄电池在允许的放电范围内所输出的电荷。

   A. 完好　　　　　B. 全新　　　　　C. 完全充足电　　D. 并联或串联

73. 一般将蓄电池的容量分为额定容量和（　　）容量。

   A. 怠速　　　　　B. 起动　　　　　C. 加速　　　　　D. 过渡

74. 额定容量是指一只完全充足电的蓄电池在国标条件下，以（　　）h 放电率连续放电至单格电压降为 1.75 V 时所输出的电量。

   A. 10　　　　　　B. 20　　　　　　C. 30　　　　　　D. 40

75. 起动容量又分常温起动容量和（　　）起动容量。
    A. 低温　　　　B. 高温　　　　C. 海拔　　　　D. 负荷

76. 常温起动容量是指电解液平均温度为30℃时，以（　　）min放电率的电流放电到单格电压降至1.5 V时所输出的电荷。
    A. 2　　　　　B. 3　　　　　C. 4　　　　　D. 5

77. 影响蓄电池容量的因素有电解液温度的高低、电解液密度高低和（　　）。
    A. 放电电流大小　　　　　　B. 放电的方式
    C. 充电电流大小　　　　　　D. 充电的方式

78. 放电电流越大，蓄电池端电压（　　），放电至标准终了电压的时间也越短。
    A. 下降越慢　　B. 下降越快　　C. 越高　　　　D. 越低

79. 电解液的相对密度（　　），可以提高蓄电池的电动势和容量。
    A. 降低　　　　B. 适当　　　　C. 增加　　　　D. 可靠

80. 汽车用其他蓄电池有干式荷电铅蓄电池、（　　）和胶体电解质蓄电池。
    A. 永久蓄电池　　　　　　　B. 一次性蓄电池
    C. 5号蓄电池　　　　　　　D. 免维护蓄电池

81. 普通蓄电池能量密度小，（　　）充电，容量和电压受使用条件的影响，维护麻烦。
    A. 不需要经常　B. 需要经常　　C. 固定　　　　D. 随车

82. 免维护蓄电池在使用中不须经常添加（　　）。
    A. 盐酸　　　　B. 硫酸　　　　C. 蒸馏水　　　D. 自来水

83. 干式荷电铅蓄电池在（　　）中加入了抗氧化剂，以提高增水抗氧能力。
    A. 正极板　　　B. 负极板　　　C. 电解液　　　D. 壳体

84. 干式荷电铅蓄电池在制造过程中，反复进行充、放电循环，使之在（　　）的深层也形成海绵状的铅。
    A. 隔板　　　　B. 电解液　　　C. 极板　　　　D. 壳体

85. 免维护蓄电池负极板上活性物质数量（　　）正极板上活性物质数量。
    A. 小于　　　　B. 大于　　　　C. 等于　　　　D. 影响

86. 免维护蓄电池的加液孔盖上的通气孔多采用（　　）排气结构，可减少电解液的蒸发。

A. 直排式　　　　B. 迷宫式　　　　C. 弯道式　　　　D. 抽气式

87. 免维护蓄电池内装式密度计顶部的圆点指示为（　　）时，蓄电池充电已到额定容量的65%以上。

A. 绿色　　　　　B. 黑色　　　　　C. 白色　　　　　D. 透明色

88. 由于胶体电解质蓄电池电解质是稠厚的胶状物，所以电解质（　　），对设备和人身不会腐蚀，维护、使用、保管及运输都很安全。

A. 不会溅出来　　B. 会溅出来　　　C. 蒸发　　　　　D. 反应

89. 当发电机电压（　　）蓄电池电压一定值时，成为汽车的主电源，由它供给点火系及其他用电设备的电能，同时还向蓄电池进行补充充电，使蓄电池储存电能。

A. 高于　　　　　B. 低于　　　　　C. 等于　　　　　D. 保证

90. 现代汽车使用的发电机一般为（　　）发电机。

A. 定直流　　　　B. 定交流　　　　C. 硅整流直流　　D. 硅整流交流

91. 交流发电机主要由两大部分组成，即发电部分和（　　）。

A. 直流部分　　　B. 整流部分　　　C. 交流部分　　　D. 稳流部分

92. 发电部分主要由（　　）、定子、前后端盖、风扇、带盘等部件组成。

A. 开关　　　　　B. 转子　　　　　C. 整流器　　　　D. 二极管

93. 旋转磁场的磁力线切割定子线圈，在三相绕组内产生频率相同、幅值相等、相位相差（　　）电角度的三相交流电。

A. 90°　　　　　 B. 100°　　　　　C. 120°　　　　　D. 150°

94. 硅二极管具有单向导电性，当二极管外加正向电压时，二极管处于（　　）状态。

A. 截止　　　　　B. 饱和　　　　　C. 导通　　　　　D. 击穿

95. 交流发电机的中性点对发电机外壳的平均电压值约为输出端平均电压的（　　）。

A. 等值　　　　　B. 一半　　　　　C. 一倍　　　　　D. 二倍

96. 汽车交流发电机中励磁线圈的（　　）有他励和自励两种。

A. 磁场方向　　　B. 剩磁方向　　　C. 励磁方式　　　D. 剩磁方式

97. 电子调节器结构简单，对无线电（　　），使用寿命长。

A. 减信号　　　　B. 增信号　　　　C. 干扰小　　　　D. 干扰大

98. 集成电路调节器电压调整精度可达（　　）V，可安装在硅整流发电机的内部。

A. ±0.20　　　　B. ±0.30　　　　C. ±0.10　　　　D. ±0.05

99. 发电机端电压达到调节电压值时，加在稳压管两端的（　　）便高于稳压管的击穿电压，稳压管导通。

A. 正向电压　　　B. 反向电压　　　C. 高电压　　　　D. 低电压

100. 续流二极管的作用是在（　　）截止时，吸收励磁线圈中产生的自感电动势，保护它不受损坏。

A. 小功率晶体管　　　　　　　　　B. 大功率晶体管
C. 稳压管　　　　　　　　　　　　D. 分压器

101. 晶体管调节器的原理是直接通过对汽车电源（　　）变化的检测，从而达到控制晶体管导通或截止，控制发电机的励磁电流，从而调节发电机电压保持恒定。

A. 电压　　　　　B. 电流　　　　　C. 电磁　　　　　D. 电阻

102. 小功率晶体管饱和（　　）后，大功率晶体管被截止，切断了发电机的励磁回路，发电机的端电压下降。

A. 截止　　　　　B. 导通　　　　　C. 短接　　　　　D. 断路

103. 起动机由直流串激式电动机、传动机构和（　　）三大部分组成。

A. 联动装置　　　B. 控制装置　　　C. 锁止装置　　　D. 保险装置

104. 起动机一般是按传动机构和（　　）的不同来分类的。

A. 锁止装置　　　B. 保险装置　　　C. 控制装置　　　D. 联动装置

105. 强制啮合式起动机靠人力或电磁吸力（　　），从而强制小齿轮啮入发动机飞轮齿环。

A. 拉动杠杆　　　B. 推动杠杆　　　C. 拉动齿轮　　　D. 推动齿轮

106. 直接操纵式起动机是由驾驶员利用脚踏或手拉，直接接通起动机（　　）的方法。

A. 辅电路　　　　B. 主电路　　　　C. 信号电路　　　D. 保险电路

107. 电磁操纵式起动机是由驾驶员旋动点火开关或按下起动按钮，直接控制或通过起动机（　　）使电磁开关接通起动机主电路。

A. 继电器　　　　B. 断电器　　　　C. 分电器　　　　D. 电位器

108. 车用汽油机或柴油机一般采用布置灵活、使用方便、适宜于（　　）操纵的电磁操纵式起动机。

　　A. 人工　　　　B. 自动　　　　C. 近距离　　　　D. 远距离

109. 同轴式起动机靠与起动机同轴安装的电磁开关（　　）驱动齿轮与飞轮齿环啮合。

　　A. 间接吸动　　B. 直接吸动　　C. 间接推动　　D. 直接推动

110. 发动机工作时，起动机的小齿轮（　　）再次啮入发动机飞轮齿环。

　　A. 保证　　　　B. 随时　　　　C. 能　　　　　D. 不能

111. 电磁操纵强制啮合式起动机的拨叉运动是由一个特制的（　　）操纵完成的。

　　A. 电磁铁　　　B. 杠杆　　　　C. 齿轮　　　　D. 线圈

112. 按下起动按钮，保持和吸引线圈（　　）通过电流产生较大电磁力使滑动铁心移动。

　　A. 串联　　　　B. 并联　　　　C. 单联　　　　D. 交接

113. 发动机起动后，松开起动按钮，保持线圈和吸引线圈串联使通过电流（　　），电磁力削弱，活动铁心迅速复位。

　　A. 正向　　　　B. 反向　　　　C. 双向　　　　D. 单向

114. 起动继电器的作用是用来接通电磁开关线圈的电路，借以保护（　　）。

　　A. 点火开关　　B. 蓄电池　　　C. 分电器　　　D. 电位器

115. 当主电路接通时，吸引线圈被短路，活动铁心靠保持线圈的磁力保持在（　　）位置。

　　A. 松开　　　　B. 吸合　　　　C. 滑动　　　　D. 半联动

116. 发动机工作时，将起动开关再次接通，（　　）起动机驱动齿轮与飞轮齿环的撞击。

　　A. 会造成　　　B. 不会造成　　C. 影响　　　　D. 不影响

117. 起动机保护电路一般依靠汽车交流发电机的（　　）和相应的继电器来完成的。

　　A. 中性点电流　B. 中性点电压　C. 输出端电压　D. 输出端电流

118. 电枢移动式起动机由（　　）绕组，串联辅助磁场绕组和并联辅助磁场绕组组成。

A. 主磁场　　　　B. 副磁场　　　　C. 中性磁场　　　　D. 单向磁场

119. 电枢移动式起动机在发动机起动后,(　　)离合器松开,曲轴转矩便不能传到起动机轴上。

A. 弹簧式　　　　B. 摩擦片式　　　　C. 齿轮式　　　　D. 液压式

120. 齿轮移动式起动机是靠电磁开关推动安装在(　　)的啮合杆而使驱动齿轮与飞轮齿环啮合的。

A. 电枢轴孔外　　B. 电枢轴孔内　　C. 电枢上　　　　D. 电枢轴上

121. 齿轮移动式起动机为使驱动齿轮啮入柔和,起动机的接入分(　　)个阶段。

A. 一　　　　　　B. 两　　　　　　C. 三　　　　　　D. 四

122. 减速式起动机减速齿轮的减速比一般为(　　)。

A. 1~2　　　　　B. 2~3　　　　　C. 3~4　　　　　D. 4~5

123. 根据电机原理,若电磁功率不变,当转速增加时,则电动机的电枢直径、电枢铁心长度(　　)。

A. 可以增大　　　B. 可以减小　　　C. 不变　　　　　D. 不确定

124. 减速起动机的减速装置有三种形式,即外啮合式、内啮合式和(　　)。

A. 单向式　　　　B. 双向式　　　　C. 行星齿轮式　　D. 综合式

125. 永磁减速式起动机的磁极为(　　)或钛铁硼永磁材料制成。

A. 铁氧体　　　　B. 铝合金　　　　C. 锌合金　　　　D. 铅合金

126. 一般点火系和燃料供给系故障占汽车总故障的(　　)以上。

A. 20%　　　　　B. 30%　　　　　C. 40%　　　　　D. 50%

127. 点火系(　　)是流经电流表的。

A. 一次电流　　　B. 二次电流　　　C. 感应电流　　　D. 起动电流

128. 蓄电池点火系故障主要表现为(　　)、缺火、火花弱和点火不正时等。

A. 电不足　　　　B. 无火　　　　　C. 无油　　　　　D. 无水

129. 用开大灯、(　　)的方法可以检查蓄电池的电压是否正常。

A. 按喇叭　　　　B. 开雨刮器　　　C. 看电流表　　　D. 开转向信号灯

130. 灯光强,(　　),表明蓄电池电压正常。

A. 喇叭声尖　　B. 喇叭声响亮　　C. 灯光远　　D. 灯光近

131. 发动机在运转中突然熄火且发动不着的多为（　　）故障。

    A. 点火系　　B. 燃料供给系　　C. 润滑系　　D. 冷却系

132. 如果（　　）没有或不变化，则表明低压电路存在故障。

    A. 一次电流　　B. 二次电流　　C. 感应电流　　D. 起动电流

133. 火花强，表示低压电路和点火线圈良好，故障在高压电路或（　　）。

    A. 断电器　　B. 电容器　　C. 继电器　　D. 点火次序错乱

134. 电流表不指示放电，指针不做间歇摆动，表示一次电路中有（　　）故障或断电器触点不能闭合。

    A. 断路　　B. 短路　　C. 线路　　D. 电路

135. 在接通点火开关时，电流表马上指示大电流放电，表明在电流表至点火线圈的部分一次电路中有（　　）故障。

    A. 断路　　B. 短路　　C. 线路　　D. 电路

136. 如果点火线圈及（　　），则火花强。

    A. 电容器良好　　B. 断电器良好　　C. 继电器良好　　D. 高压线良好

137. 低压电路正常，如无火花，则可能点火线圈（　　），或中央高压线短路。

    A. 一次绕组断路　　　　B. 一次绕组短路
    C. 二次绕组断路　　　　D. 二次绕组短路

138. 用旋具将各缸火花塞的接线处分别接地的方法称为"（　　）"。

    A. 跳火　　B. 搭缸　　C. 跳缸　　D. 短路

139. 如果某一缸的火花塞接地后，发动机运转状态不变，则该缸（　　）。

    A. 不工作　　B. 工作不良　　C. 工作正常　　D. 间隙工作

140. 火花塞（　　）不合要求或火花塞积炭，会造成发动机工作不正常。

    A. 长度　　B. 温度　　C. 间隙　　D. 绝缘

141. 点火时间过早，发动机起动后在加速时会产生（　　）现象。

    A. 超速　　B. 爆震　　C. 无力　　D. 振动

142. 发动机起动（　　）但不易起动，主要原因是点火时间过迟。

A. 阻力较小　　　B. 阻力较大　　　C. 电流较小　　　D. 电流较大

143. 点火时间过迟，起动后在加速时"发闷"无力，排气管放炮（　　），水温过高。

A. 冒蓝烟　　　B. 冒白烟　　　C. 冒黑烟　　　D. 抖动

144. 缺火或火花较弱会引起发动机起动（　　）。

A. 过热　　　B. 电流加大　　　C. 困难　　　D. 抖动

145. 低速缺火会造成起动后（　　）运转不稳定，动力不足，加速困难。

A. 高速　　　B. 中速　　　C. 怠速　　　D. 超速

146. 火花塞（　　）是造成发动机高速不稳，排气管放炮并有断火现象的原因之一。

A. 间隙过大　　　B. 间隙过小　　　C. 无间隙　　　D. 间隙污损

147. 铅蓄电池技术状况的检查主要有（　　）和放电程度等的检查。

A. 电解液液面高度　　　B. 蓄电池外观

C. 蓄电池联条　　　D. 加液孔盖

148. 除电解液漏出蓄电池外，一般情况下若电解液不足，应加（　　）。

A. 蒸馏水　　　B. 自来水　　　C. 纯净水　　　D. 硫酸

149. 蓄电池大电流放电时间不宜过长，使用起动机时，每次起动时间不超过（　　）s。

A. 2　　　B. 3　　　C. 4　　　D. 5

150. 测量液面高度的玻璃管从蓄电池的加液孔内插入，（　　）。

A. 直至压到防护板　　　B. 无须压到防护板

C. 直至液上　　　D. 直至液下

151. 电解液的相对密度每降低 0.01，相当于蓄电池放电（　　），因而可粗略估算出电解液的放电程度。

A. 4%　　　B. 5%　　　C. 6%　　　D. 7%

152. 夜间开大灯并使用起动机，若起动机旋转有力，灯光无明显（　　），则蓄电池存电充足。

A. 变暗　　　B. 变亮　　　C. 变远　　　D. 变近

153. 不能用兆欧表检查交流发电机及晶体管调节器的短路故障，只允许用（　　）。

A. 万用表　　　B. 百分表　　　C. 压力表　　　D. 试灯

154. 汽车熄火后，应将点火开关及时断开，以免损坏发电机励磁绕组和调节器的（　　）。

　　　A. 二极管　　　B. 三极管　　　C. 大功率晶体管　　　D. 转子

155. 交流发电机运转时，用"试火法"检查发电机是否发电，容易损坏（　　）。

　　　A. 小功率晶体管　B. 硅二极管　　C. 大功率晶体管　　　D. 定子

156. 晶体管调节器使用时，必须连接（　　）。

　　　A. 蓄电池　　　B. 发电机　　　C. 转子　　　　　　　D. 定子

157. 汽车起动机一般由（　　）、传动机构和控制装置组成。

　　　A. 直流串激式电机　　　　　　B. 交流串激式电机

　　　C. 电磁式电机　　　　　　　　D. 自动电机

158. 如起动机单向离合器打滑，在起动时，将造成（　　）。

　　　A. 起动机空转　B. 起动机倒转　C. 不转　　　　　　　D. 咬死

159. 前照灯的防眩目措施在汽车上普遍采用（　　）。

　　　A. 防眩目双丝灯泡　　　　　　B. 单丝灯泡

　　　C. 无丝灯泡　　　　　　　　　D. 三丝灯泡

160. 大灯是利用光学原理由灯泡、反射镜和（　　）三部分组成的。

　　　A. 散光玻璃　　B. 发光玻璃　　C. 卤素　　　　　　　D. 光波

161. 反射镜的作用就是将灯泡的（　　）并导向前方。

　　　A. 光线发散　　B. 光线聚合　　C. 热量发散　　　　　D. 热量聚合

162. 小灯用于夜间和雾天标示停车或汽车行驶轮廓，防止（　　）时因轮廓不清而发生事故。

　　　A. 会车　　　　B. 超车　　　　C. 会车或超车　　　　D. 停车

163. 当车辆转弯时，转向信号灯发出（　　）的特殊信号，提醒其他车辆及行人，以及通知交警行驶方向。

　　　A. 闪烁　　　　B. 静止　　　　C. 红色　　　　　　　D. 白色

164. 当车辆制动或减速行驶时，制动信号灯向后方发出（　　）而醒目的灯光信号，以警示后面的车辆及行人。

A. 闪烁　　　　B. 静止　　　　C. 黄色　　　　D. 红色

165. 前大灯的远光光束中心点能照射在距车前（　）m左右的路面中间，则为正常。
　　A. 200　　　　B. 100　　　　C. 150　　　　D. 250

166. 检验大灯时，确保轮胎气压应符合规定，大灯的散光玻璃表面应清洁，汽车空载，驾驶室内（　），场地平整。
　　A. 坐1人　　　B. 坐2人　　　C. 无人　　　　D. 无物

167. 喇叭安装位置要适当，避免受热和（　），喇叭筒应稍倾向下方。
　　A. 受风　　　　B. 受潮　　　　C. 受光　　　　D. 受冷

168. 转向信号装置由（　）、闪光继电器和转向开关等组成。
　　A. 转向信号灯　B. 大灯　　　　C. 小灯　　　　D. 闪光灯

169. 汽车驾驶室内还有两个（　）指示灯。
　　A. 转向信号　　B. 大灯　　　　C. 小灯　　　　D. 闪光灯

170. 电热式闪光继电器在温度20℃左右时，闪光频率每分钟应在（　）次。
　　A. 60　　　　　B. 90　　　　　C. 60～90　　　D. 70～100

171. 汽车转向信号灯用以显示（　）方向。
　　A. 汽车行驶　　B. 行驶道路　　C. 道路　　　　D. 会车

172. 转向信号灯在汽车前、后（　）。
　　A. 安装一个　　B. 安装两个　　C. 各安装一个　D. 各安装两个

173. 前转向灯为（　），后转向灯为橙色或红色。
　　A. 橙色　　　　B. 黄色　　　　C. 红色　　　　D. 白色

174. 闪光继电器按其结构不同，可分为电热式、（　）和电子式几种类型。
　　A. 脉冲式　　　B. 电容式　　　C. 晶体管式　　D. 频率式

175. 电子式闪光继电器常用的有全晶体管无触点式、由晶体管和小型继电器组成的有触点晶体管式和（　）闪光继电器等。
　　A. 电动式　　　B. 感应式　　　C. 集成电路　　D. 光电式

176. 制动信号灯大多与后灯合为一体，用双丝灯泡或（　）制成。
　　A. 一个单丝灯泡　　　　　　　B. 两个单丝灯泡

C. 一个双丝灯泡　　　　　　　D. 两个双丝灯泡

177. 制动开关有液压式、（　　）和机械式三种。
　　A. 脚踏式　　B. 手动式　　C. 气压式　　D. 电动式

178. 液压制动开关装在制动泵的（　　）。
　　A. 后端　　B. 前端　　C. 中间　　D. 侧面

179. 对汽车电气仪表的一般要求是：结构简单、工作可靠、（　　）、显示清晰。
　　A. 板面美观　　B. 数据准确　　C. 反应敏捷　　D. 省电省油

180. 汽车电气仪表按其结构形式的不同可分为独立式和（　　）两种。
　　A. 分体式　　B. 可拆式　　C. 组合式　　D. 综合式

181. 电流表（　　）在发动机的充电电路中。
　　A. 单接　　B. 短接　　C. 串接　　D. 并接

182. 在油压高时，电热式机油压力表触点打开状态的（　　），频率增高。
　　A. 时间延长　　B. 时间不变　　C. 时间缩短　　D. 反应迟钝

183. 常见的水温表有电热式、电磁式、蒸气压力式和（　　）。
　　A. 感应式　　B. 流量式　　C. 热敏式　　D. 电子式

184. 负温度系数热敏电阻当低温时，热敏电阻（　　）。
　　A. 阻值较大　　B. 阻值较小　　C. 阻值不变　　D. 断路

185. 电磁式燃油表中有两个绕在铁心上的线圈，中间置有（　　），转子连有指针。
　　A. 铜转子　　B. 铁转子　　C. 转子架　　D. 转子盘

186. 当油箱无油时，（　　），电阻被短路，此时右线圈也被短路，通过其中的电流近于零。
　　A. 浮子高位　　B. 浮子中位　　C. 浮子下降　　D. 浮子上升

187. 机械传动磁铁式车速里程表一般由（　　）通过齿轮及挠性软轴驱动。
　　A. 变速器轴　　B. 主减速器轴　　C. 差速器轴　　D. 半轴

188. 机械传动磁铁式转速表在发动机运转时，曲轴驱动机构经软轴带动旋转永久磁铁，永久磁铁磁力线切割铝碗而产生（　　）。
　　A. 感应电压　　B. 感应电流　　C. 电阻　　D. 电容

189. 电子式转速表是利用电容器充电、放电的脉冲式电子转速表，它的转速信号取自（　　）。

　　A. 变速器　　　　B. 主减速器轴　　　C. 点火系统　　　　D. 飞轮

汽车新技术简介

一、判断题（将判断结果填入括号中。正确的填"√"，错误的填"×"）

1. 汽油发动机的电子控制系统按其控制功能可分为电子控制汽油喷射系统、电子控制点火系统和辅助控制系统三大部分。（　　）

2. 空气供给系统是对流入气缸的空气质量进行计量。（　　）

3. 燃油供给系统将汽油从油箱送给燃油分配管，然后分送到各个喷油器，油压调节器则对燃油压力进行调整，多余的燃油经压力调节器送回油箱。（　　）

4. 电控发动机控制单元的英文缩写为ECU。（　　）

5. 在电控怠速控制系统中，电脑根据传感器信息，怠速控制装置对怠速进气量进行调整。（　　）

6. 三元催化转换器可以对发动机排放废气中的一氧化碳、碳氢化合物和氮氧化合物进行净化处理。（　　）

7. 发动机与变速箱电子控制、ABS电子控制等集成于一体的动力总成控制称集中控制。（　　）

8. 当发动机转速急剧降低到怠速时，需要不同程度地自动提高发动机怠速，以免急抬加速踏板时发动机停转，同时减少排放污染。（　　）

9. 废气再循环的英文缩写为EGR。（　　）

10. 代用燃料发动机的低排放，甚至"零排放"对环保更加有利。（　　）

11. 天然气的混合器同汽油机的汽油泵作用类似。（　　）

12. 单燃料发动机一般是指使用CNG或LPG中的一种作为发动机的燃料，不再使用其他燃油或代用燃料的发动机。（　　）

13. 双燃料发动机一般是指在气缸内两种燃料不可以混合燃烧的发动机。（　　）

14. 两用燃料发动机一般是指具有两套燃料供应系统的发动机。（　　）

15. 氢是唯一不含碳的燃料，不排放 CO、HC，但仍有 NO_x 生成、易燃，火焰传播特性好。（　　）

16. LPG 发动机按燃料供给系统的不同，分为单 LPG 发动机、两用 LPG/PET 发动机及 LPG 和柴油的双燃料发动机三类。（　　）

17. LPG 汽车与汽、柴油车相比，具有燃烧完全、积炭少、噪声低及排放污染少等优点。（　　）

18. ABS 是汽车防抱死制动控制系统的英文缩写。（　　）

19. 如果在制动时将车轮滑移率控制在 15%～20%，可得到最大的制动力。（　　）

20. 在制动时轮速传感器测量车轮的速度，如果一个车轮有抱死的可能时，车轮减速度增加很快，车轮开始滑转。（　　）

21. 车轮滑移率的值是由轮速传感器直接检测得出的。（　　）

22. ABS 控制过程实际上就是对制动管路中油压高速地进行"增压—保压—减压"的循环调节过程。（　　）

23. 四传感器四通道形式，可对前后四个车轮独立进行制动压力的控制。（　　）

24. 控制通道是指串有压力调节装置的制动回路或制动回路支路。（　　）

25. ABS 按传感器数目可以分为二传感器和四传感器两种。（　　）

26. 在 ABS 中，电磁式轮速传感器由传感头和调节器两部分组成。（　　）

27. 轮速传感器的作用是检测车轮的速度，并将轮速信号输入到 ABS 的电子控制单元。（　　）

28. ABS 的控制速度范围一般为 8～260 km/h 以至更大。（　　）

29. 制动压力调节装置一般并接在制动主缸与车轮制动轮缸之间。（　　）

30. 循环流通式调压方式是通过电磁阀直接控制轮缸制动压力的制动压力调节装置。（　　）

二、单项选择题（选择一个正确的答案，将相应的字母填入题内的括号中）

1. 电控汽油喷射系统按其功能又可分为（　　）、燃油供给系统和电子控制系统三个子系统。

A. 空气供给系统　　　　　　　　B. 润滑系统
C. 冷却系统　　　　　　　　　　D. 点火系统

2. 电控汽油喷射系统主要控制喷油量、喷射定时、燃油停供和（　　）。
   A. 混合比　　B. 空气量　　C. 燃油泵　　D. 点火时间

3. 空气流量计主要有翼片式、卡门旋涡式、热线式和（　　）四种。
   A. 热片式　　B. 热膜式　　C. 电阻式　　D. 电容式

4. 空气流量计和发动机进气歧管之间的进气管道上安装（　　）。
   A. 滤清器　　B. 节气门体　　C. 油压调节器　　D. 喷油器

5. 一般电子控制汽油喷射发动机采用（　　）汽油泵。
   A. 内装式电动　　B. 外装式电动　　C. 外装式机械　　D. 内装式机械

6. 油压调节器是使汽油分配管内油压与进气歧管内气压的差值保持不变，一般油压为（　　）MPa。
   A. 0.10～0.15　　B. 0.15～0.30　　C. 0.20～0.30　　D. 0.25～0.35

7. 喷油器是把雾化良好的汽油喷入（　　）。
   A. 气缸内　　B. 气缸外　　C. 进气道内　　D. 进气道外

8. 电子控制系统根据电脑预置程序对喷油时刻、喷油量、点火时刻等进行（　　）。
   A. 确定　　B. 确定和修正　　C. 修正　　D. 调整和分配

9. 曲轴位置传感器的作用是检测发动机转速、识别活塞（　　）位置。
   A. 行程　　B. 半程　　C. 上止点　　D. 下止点

10. 水温传感器安装在发动机（　　）附近，其作用是检测发动机冷却水温度。
    A. 出水口　　B. 进水口　　C. 水泵　　D. 散热器

11. 电子控制点火系统根据传感器等输入信号，确定发动机的转速和负荷大小，进而精确控制和调整（　　）。
    A. 混合比　　B. 点火提前角　　C. 第一缸位置　　D. 喷油时刻

12. （　　）不属于电子控制点火系统的主要控制内容。
    A. 点火提前角　　B. 闭合角控制　　C. 喷油时刻　　D. 爆震反馈控制

13. 电控汽油发动机为减少有害物排放，采取装用（　　）转换器、氧传感器的反馈控制和废气再循环控制等方法。

  A. 一元催化 B. 二元催化 C. 三元催化 D. 四元催化

14. 电控怠速控制系统中对（ ）进行调整，使发动机在所有怠速使用条件下，都能以适当的稳定转速运转。

  A. 怠速进气量   B. 低速进气量

  C. 小负荷进气量   D. 起动进气量

15. 电控怠速控制系统主要是（ ）、暖机过程的控制、负荷变化时控制及减速时控制等。

  A. 起动前控制 B. 起动后控制 C. 加速前控制 D. 加速后控制

16. 进气控制方式有旁通空气方式和节气门（ ）方式两种基本类型。

  A. 联动   B. 互动   C. 直动   D. 微调

17. 电控动力阀控制系统中，通过动力阀改变（ ）来控制进气流量。

  A. 节气门截面积 B. 进气道截面积 C. 节气门位置 D. 进气道长度

18. 三元催化转换芯子以蜂窝状陶瓷芯作为承载催化剂的载体，在陶瓷芯上浸渍（ ）或钯和铑的混合物作为催化剂。

  A. 铍   B. 铂   C. 镉   D. 镍

19. 氧传感器用来测量（ ）的含量，以电信号输送到控制电脑。

  A. 排气中氧   B. 进气中氧

  C. 排气中一氧化碳   D. 氮氧化合物

20. 废气再循环控制系统是把发动机排出的一部分废气引入进气系统中和混合气一起再进入气缸燃烧，以减少排气中（ ）生成量。

  A. 氧 B. 碳氢化合物 C. 氮氧化合物 D. 一氧化碳

21. SGM 汽车的曲轴脉冲盘圆周上的凹槽数等于发动机缸数加（ ）。

  A. 1   B. 2   C. 3   D. 4

22. SGM 汽车凸轮轴用的脉冲盘只有一个齿，在 1 缸活塞（ ）产生脉冲信号。

  A. 进气冲程 B. 压缩冲程 C. 做功冲程 D. 排气冲程

23. GM 公司高能点火模块可以用固定的点火提前角经（ ）直接触发点火。

A. 串联电路　　　B. 并联电路　　　C. 旁通电路　　　D. 直通电路

24. 当汽车需要（　　）和跛行时，GM公司高能点火模块采取直接触发点火方式。
    A. 起动　　　　B. 怠速　　　　C. 中速　　　　D. 高速

25. 发动机起动后，（　　）没有达到正常温度之前，应自动提高发动机的怠速，以免发动机运转发抖、不稳或停转，同时缩短暖机时间。
    A. 气缸体　　　B. 气缸盖　　　C. 冷却液　　　D. 润滑油

26. 当发动机温度达到一定温度时，根据发动机负荷和转速，ECU控制EGR阀作用，以降低NO_x排放量。这是（　　）控制。
    A. 活性碳罐电磁阀　　　　　　B. 二次空气喷射
    C. 废气再循环　　　　　　　　D. 开环

27. ECU根据发动机工作温度、转速、负荷等信号，控制（　　）的工作，以降低蒸发污染。
    A. 活性碳罐电磁阀　　　　　　B. 二次空气喷射
    C. 开环与闭环　　　　　　　　D. EGR阀

28. 液化石油气的英文缩写为（　　）。
    A. ECU　　　　B. LPG　　　　C. ESP　　　　D. ABS

29. LPG发动机是以储存在车载气瓶中的（　　）为燃料。
    A. 液化石油气　B. 压缩天然气　C. 氦气　　　　D. 氮气

30. 低温液化天然气的英文缩写为（　　）。
    A. ECU　　　　B. LNG　　　　C. LPG　　　　D. CNG

31. 低温液化天然气一般泛指经（　　）℃左右低温液化后，可供车辆发动机作为燃料使用的液态天然气。
    A. -50　　　　B. -100　　　　C. -160　　　　D. -200

32. 汽车使用的低温液化天然气储存在车载（　　）气瓶中。
    A. 绝热　　　　B. 绝冷　　　　C. 恒温　　　　D. 保湿

33. 使用车用天然气单燃料发动机的汽车（　　）时，报警功能及安全保护装置必须始终起作用。

A. 怠速 　　　　　B. 中速 　　　　　C. 高速 　　　　　D. 超速

34. 双燃料发动机一般是指具有（　　）燃料供应系统的发动机。

   A. 定向 　　　　　B. 双向 　　　　　C. 多套 　　　　　D. 两套

35. 在CNG—柴油双燃料发动机中，CNG是主燃料，柴油起（　　）作用。

   A. 引燃 　　　　　B. 自燃 　　　　　C. 补充 　　　　　D. 加速

36. 两用燃料发动机一般是指在气缸内两种燃料（　　）混合燃烧的发动机。

   A. 可以 　　　　　B. 不可以 　　　　C. 同比例 　　　　D. 反比例

37. 两用燃料发动机的两套燃料供给系统（　　）向气缸供给燃料，使用时可在两种燃料间进行灵活切换。

   A. 可分别 　　　　B. 可共同 　　　　C. 按比例 　　　　D. 按顺序

38. 两用燃料发动机在使用（　　）时，不可同时使用CNG或LPG作为燃料。

   A. 齿轮油 　　　　B. 机油 　　　　　C. 汽油 　　　　　D. 柴油

39. 氢燃料发动机是将（　　）后作为燃料的。

   A. 氢气减压 　　　B. 液态氢汽化 　　C. 氢化物汽化 　　D. 氢化物液化

40. 含氧燃料发动机是以甲醇、乙醇、二甲醚等分子中含有（　　）的燃料作为柴油的代用燃料。

   A. 氧离子 　　　　B. 氧分子 　　　　C. 氧原子 　　　　D. 氧化物

41. 生物燃料发动机是指使用从（　　）中获取的燃料。

   A. 植物 　　　　　B. 动物 　　　　　C. 废物 　　　　　D. 化合物

42. 当LPG发动机储气罐内压力超过设定的安全极限压力（　　）MPa时，安全阀自动打开释放LPG。

   A. 1.2～1.5 　　　　　　　　　　　B. 2.2～2.5
   C. 3.2～3.5 　　　　　　　　　　　D. 4.2～4.5

43. 充加LPG时，当储气罐内LPG达到设定的液面高度（　　）时，限充阀关闭，从而提供了由于温度升高所必需的LPG的膨胀空间。

   A. 45％～50％ 　　B. 55％～60％ 　　C. 65％～70％ 　　D. 75％～80％

44. LPG发动机的调压蒸发器通过（　　）改变燃料通道面积来调节燃料流量。

A. 一个调节螺钉 B. 两个调节螺钉
C. 一个阀门 D. 两个阀门

45. LPG发动机的调压蒸发器上安装一个（　　）电磁阀，当打开点火开关时，该电磁阀被接通。

A. 加速 B. 匀速 C. 起动（怠速） D. 超速

46. 发动机在行驶过程中（　　）进行燃料转换，在停车、发动机处于怠速运转状态下进行转换更加安全可靠。

A. 无须 B. 必须 C. 可以 D. 不可以

47. 当LPG/PET直接转换时（　　），导致发动机运行不稳定和排放恶化。

A. 混合气过稀 B. 混合气过浓 C. 混合不充分 D. 混合时间短

48. 如果制动时车轮滑移率为（　　），则车轮作纯滚动。

A. 10%～15% B. 0 C. 20%～25% D. 30%～35%

49. ABS一般是由普通制动系统和（　　）控制系统两部分组成。

A. 制动力 B. 制动源 C. 气制动 D. 液压制动

50. 在制动过程中车轮如没有被抱死的迹象，ABS是（　　）的。

A. 不工作 B. 工作 C. 始终工作 D. 偶然工作

51. 以下（　　）不是ABS的调节过程。

A. 制动保压 B. 制动减压 C. 制动增压 D. 制动流量

52. 在制动开始时，制动压力和车轮角减速度（　　）。

A. 增加 B. 降低 C. 不变 D. 相互平衡

53. 当轮速传感器发现车轮趋于抱死时，电脑发出控制指令，液压调节器将该轮制动轮缸（　　），回液油路全部关闭，轮缸中的油压不变，实现保压。

A. 回液 B. 进液 C. 关闭 D. 常开

54. 车轮滑移率的值是由电脑参考车速计算得出的，如果滑移率（　　）设定值，ABS则进行一段保压。

A. 大于 B. 小于 C. 等于 D. 影响

55. 当车轮滑移率（　　）设定值，ABS则转换到"制动减压"的状态。

A. 小于　　　　B. 大于　　　　C. 等于　　　　D. 影响

56. 制动减压时，液压调节器将车轮进液油路（　　），回液油路打开，轮缸中的油压下降，实现减压。

　　A. 回液　　　　B. 进液　　　　C. 关闭　　　　D. 常开

57. 制动减压后，由于制动压力下降，车轮的角减速度（　　）。

　　A. 回升　　　　B. 降低　　　　C. 不变　　　　D. 等比递减

58. 制动增压时，液压调节器将该轮进液油路打开，回液油路（　　），轮缸油压上升，实现增压。

　　A. 回液　　　　B. 进液　　　　C. 关闭　　　　D. 常开

59. ABS 控制过程中（　　）不是制动管路中油压循环调节内容。

　　A. 增压　　　　B. 保压　　　　C. 减压　　　　D. 常压

60. ABS 调节循环的工作频率可达（　　）次/秒。

　　A. 5～10　　　B. 15～20　　　C. 25～30　　　D. 35～40

61. 前轮独立控制、后轮低选实施同时控制形式，适用于采用（　　）制动管路的汽车。

　　A. H 型　　　　B. X 型　　　　C. Y 型　　　　D. T 型

62. 前轮独立控制、后轮低选控制形式，这种布置形式多用于制动管路（　　）布置的汽车。

　　A. 前后　　　　B. 左右　　　　C. T 型　　　　D. X 型

63. 前独后选控制形式，多用于制动管路前后布置的（　　）汽车上。

　　A. 货运　　　　B. 四轮驱动　　C. 前轮驱动　　D. 后轮驱动

64. 根据压力调节装置控制对象的不同，ABS 的控制方式有单独控制和（　　）之分。

　　A. 同时控制　　B. 前后控制　　C. 左右控制　　D. 随时控制

65. 低选控制以保证附着条件（　　）的车轮不发生制动抱死为原则而进行同时控制。

　　A. 较好　　　　B. 较差　　　　C. 为零　　　　D. 最大

66. 轿车上一般都采用（　　）制动系统。

　　A. 左右回路　　B. 前后回路　　C. 双回路　　　D. 单回路

67. ABS如果只有（　　）个通道，肯定是后轮ABS，后轮采用同时控制方式。

　　A. 一　　　　　B. 二　　　　　C. 三　　　　　D. 四

68. 三传感器三通道（前轮独立，后轮选择）适用于制动管路前后布置的汽车。后轮转速由装于（　　）上的转速传感器测得。

　　A. 变速器　　　B. 差速器　　　C. 传动轴　　　D. 后轮

69. 四传感器二通道（前轮独立，后轮低选）可避免在不对称路面上低附着系数的（　　）抱死滑移。

　　A. 前轮　　　　B. 右后轮　　　C. 左后轮　　　D. 后轮

70. 采用X型制动管路的汽车，选择前轮独立控制、后轮低选实施同时控制形式，则汽车操纵稳定性好，制动效能（　　）。

　　A. 较好　　　　B. 较差　　　　C. 为零　　　　D. 最大

71. 三通道系统都是对两前轮的制动压力进行（　　）控制，对两后轮的制动压力按低选原则同时控制。

　　A. 单独　　　　B. 同时　　　　C. 左右　　　　D. 顺序

72. 一传感器一通道对后轮采用（　　）控制，能防止后轮抱死，前轮无法控制，方向控制差，制动效能差。

　　A. 单独　　　　B. 前后　　　　C. 低选　　　　D. 高选

73. ABS中使用的传感器主要有以变换车轮转速信号为目的的（　　）传感器和以感受车身加速度为目的的加速度传感器。

　　A. 加速　　　　B. 轮速　　　　C. 减速　　　　D. 匀速

74. 霍尔式轮速传感器由传感头和（　　）组成。传感头由永磁体、霍尔元件和电子电路等组成。

　　A. 啮合齿轮　　B. 挡圈　　　　C. 齿圈　　　　D. 线圈

75. （　　）不是霍尔式轮速传感器的优点。

　　A. 输出信号电压幅值不受轮速的影响

　　B. 抗电磁波干扰能力强

　　C. 频率响应高

D. 间隙精度要求低

76. 轮速传感器常用的有（　　）和霍尔式两大类。
    A. 电磁反应式　　B. 电磁感应式　　C. 机械式　　D. 车轮式

77. 在 ABS 中，（　　）是检测车轮速度，向 ECU 输入轮速信号，各种控制方式均采用。
    A. 轮速传感器　　　　　　B. 车速传感器
    C. 汽车减速度传感器　　　D. 转速表

78. 轮速传感器的传感头与齿圈之间应留有约（　　）mm 的空隙，并且安装必须牢固。
    A. 4　　B. 3　　C. 2　　D. 1

79. ABS 电控单元作用是接受（　　）传感器及其他传感器输入的信号，对信号进行处理，判断车轮是否有抱死趋势，控制制动压力调节器去执行压力调节的任务。
    A. 轮速　　B. 变速　　C. 前轮转速　　D. 飞轮转速

80. ABS 电控单元还具有初始检测、故障排除、速度传感器检测和系统（　　）保护等功能。
    A. 优化　　B. 失效　　C. 升级　　D. 加密

81. 为保证 ABS 电控单元的可靠工作，一般它被安置在（　　）干扰较小、尘土和潮气不易侵入的乘客舱、行李舱或发动机罩内的隔离室中。
    A. 电磁波　　B. 人员　　C. 温度　　D. 振动

82. 制动压力调节装置是根据 ABS 电控单元的控制指令，通过（　　）的动作来实现车轮制动器制动压力的自动调节。
    A. 压力阀　　B. 电磁阀　　C. 单向阀　　D. 双向阀

83. 根据不同制动系统的 ABS，制动压力调节器可选择（　　）或气压式等。
    A. 液压式　　B. 常压式　　C. 常流式　　D. 手动式

84. 液压式制动压力调节装置主要由电磁阀、（　　）和储液器等组成。
    A. 换向阀　　B. 安全阀　　C. 液压泵　　D. 液压缸

85. 循环流通式调压方式是通过电磁阀（　　）控制轮缸制动压力。
    A. 通电　　B. 断电　　C. 直接　　D. 间接

86. 循环流通式调压方式的制动压力调节器是在制动主缸与轮缸之间（　　）一个电磁阀，直接控制轮缸的制动压力。
  A. 串联　　　　B. 并联　　　　C. 双联　　　　D. 互联

87. 循环流通式调压方式的回油泵也叫做（　　），其作用是在电磁阀减压过程中，将制动轮缸流出的制动液经储能器由回油泵泵回制动主缸。
  A. 回液泵　　　B. 再循环泵　　C. 抽油泵　　　D. 往复泵

88. 可变容积式调压方式是在汽车原有制动系统管路中增加（　　）套液压控制装置。
  A. 一　　　　　B. 二　　　　　C. 三　　　　　D. 四

89. 可变容积式调压方式特点是制动压力油路和ABS控制压力油路是（　　）的。
  A. 串联　　　　B. 并联　　　　C. 相互隔开　　D. 相互贯通

90. 制动警告灯为（　　），通常用"BRAKE LAMP"和"!"作标识。
  A. 红色　　　　B. 白色　　　　C. 黄色　　　　D. 蓝色

第4部分

操作技能复习题

汽车驾驶技能

一、曲线驾驶、反倒车进车位（小型车）（试题代码[①]：1.1.2；考核时间：15 min）

1. 试题单

（1）操作条件

1）小型车（如桑塔纳）1辆。

2）桩杆、桩脚21付。

3）三角旗绳 30 m。

4）秒表 1 只。

5）卷尺 1 把。

6）场地。

①平整硬实长 45 m、宽 20 m 的场地一块。

②按下图用白粉或油漆画好场地：

标杆间尺寸：

标杆 1—2、3—4、9—10、13—14 为车宽加 60 cm；标杆 2、4—9 在一直线上；标杆 3、

[①] 试题代码表示该试题在操作技能考核方案表格中的所属位置。左起第一位表示项目号，第二位表示单元号，第三位表示在该项目、单元下的第几个试题

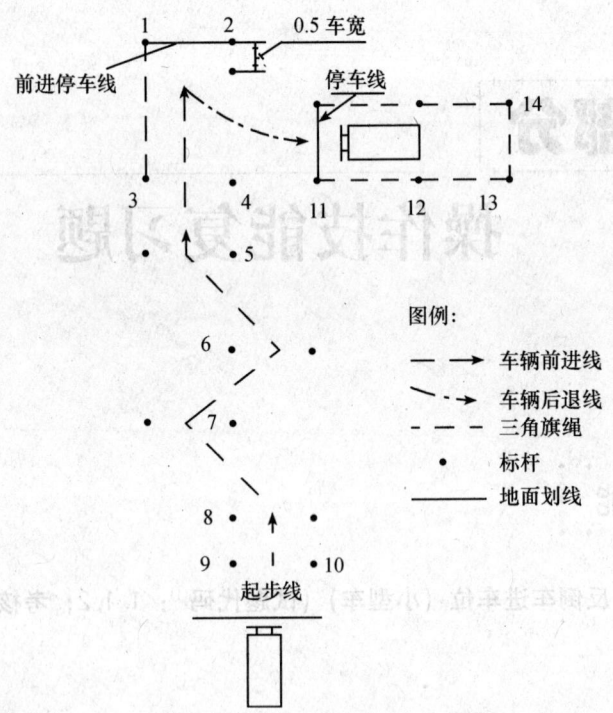

曲线驾驶，反倒车进车位

4、11—13在一直线上；标杆1—3、2—4为2车长加1车宽；标杆4—5、8—9为1车宽；标杆5—6、6—7、7—8、3—11为1.5车长；标杆11—13为1车长加0.5车宽；标杆9、10至起步线为1车长。

注：桩脚用油漆画固定标线，线宽为2 cm。

(2) 操作内容

1) 驾驶车辆在设置的考场内，由起步线起步，次稳速穿桩至停车线。

2) 一次反倒车进车位，当车辆前保险杠进入车位的停车线后停车。

(3) 操作要求

1) 在操作（行驶）过程中应无起步冲动、起步熄火、车速不稳、方向盘使用不合理，无中途使用制动减速、中途熄火、停车。

2) 在操作（行驶）过程中应无打死方向，无压线，应无擦杆（或擦绳）、碰杆，无出线。

3）在 15 min 内完成全部操作，其中，测试时间在 35 s 内完成。

2. 评分表

试题代码及名称			1.1.2 曲线驾驶、反倒车进车位（小型车）		考核时间			15 min	
评价要素	配分	等级	评分细则	评定等级					得分
				A	B	C	D	E	
1	操作内容完成情况	10	A	在操作（行驶）过程中应无起步冲动、起步熄火、车速不稳、方向盘使用不合理，无中途使用制动减速、中途熄火、停车					
			B	在规定时限内能完成驾驶操作，但发生以下状况之一： 起步冲动； 方向盘使用不合理； 车速不稳					
			C	能完成驾驶操作，但发生以下状况之一： 起步熄火； 行驶途中使用制动减速					
			D	发生有以上 3 项或发生有以下状况之一： 行驶途中熄火； 行驶途中停车					
			E	未答题					
2	操作结果完成质量	10	A	在操作（行驶）过程中应无打死方向，无压线，应无擦杆（或擦绳）、碰杆，无出线					
			B	在规定时限内能完成驾驶操作，但发生以下状况之一： 打死方向盘； 行驶途中压线					
			C	能完成驾驶操作，但发生以下状况之一： 擦杆（或擦绳）； 碰杆					
			D	发生以上 3 项或发生以下状况之一： 停车轮胎不在规定线内（出线）； 碰杆（倒杆）					
			E	未答题					

续表

试题代码及名称		1.1.2 曲线驾驶、反倒车进车位（小型车）		考核时间				15 min	
评价要素	配分	等级	评分细则	评定等级					得分
				A	B	C	D	E	
3　熟练程度	10	A	在 15 min 内完成全部操作，其中，测试时间在 25 s 内完成						
		B	在 15 min 内完成全部操作，其中，测试时间在 30 s 内完成						
		C	在 15 min 内完成全部操作，其中，测试时间在 35 s 内完成						
		D	在规定时限内未完成驾驶操作						
		E	未答题						
合计配分	30		合计得分						

等级	A（优）	B（良）	C（及格）	D（差）	E（未答题）
比值	1.0	0.8	0.6	0.2	0

"评价要素"得分＝配分×等级比值。

二、曲线窜桩、倒车复位（小型车）（试题代码：1.1.3；考核时间：15 min）

1. 试题单

（1）操作条件

1）小型车（如桑塔纳）1 辆。

2）桩杆、桩脚 12 付。

3）秒表 1 只。

4）卷尺 1 把。

5）场地。

①平整硬实长 32 m、宽 15 m 的场地一块。

②按下图用白粉或油漆画好场地：

标杆间尺寸：

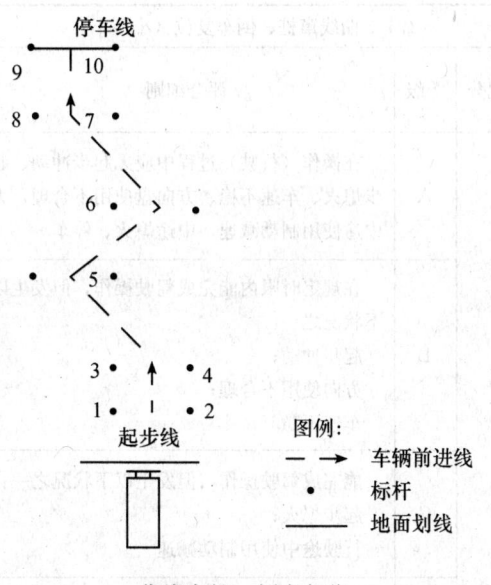

曲线穿桩，倒车复位

标杆 1—2、3—4、7—8、9—10 为车宽加 60 cm；标杆 1、3、5、6、7、10 在一直线上；标杆 1—3、2—4、8—9、7—10 为 1 车宽；标杆 3—5、5—6、6—7、7—10 为 1.5 车长加 0.5 车宽；标杆 1、2 至起步线为 1 车长。

注：桩脚用油漆画固定标线，线宽为 2 cm。

（2）操作内容

1）驾驶车辆在设置的考场内，由起步线起步，再稳速穿桩至停车线。

2）倒车复位，待车辆前保险杠出停车线后停车。

（3）操作要求

1）在操作（行驶）过程中应无起步冲动、起步熄火、车速不稳、方向使用不合理，无中途使用制动减速、中途熄火、停车。

2）在操作（行驶）过程中应无擦杆、碰杆，应无压线，无出线，应按规定路线行驶。

3）在 15 min 内完成全部操作，其中，测试时间在 60 s 内完成。

2. 评分表

试题代码及名称			1.1.3 曲线窜桩、倒车复位（小型车）		考核时间			15 min		
评价要素		配分	等级	评分细则	评定等级					得分
					A	B	C	D	E	
1	操作内容完成情况	10	A	在操作（行驶）过程中应无起步冲动、起步熄火、车速不稳、方向盘使用不合理，无中途使用制动减速、中途熄火、停车						
			B	在规定时限内能完成驾驶操作，但发生以下状况之一： 起步冲动； 方向使用不合理； 车速不稳						
			C	能完成驾驶操作，但发生以下状况之一： 起步熄火； 行驶途中使用制动减速						
			D	发生以上 3 项或发生以下状况之一： 行驶途中熄火； 行驶途中停车						
			E	未答题						
2	操作结果完成质量	10	A	在操作（行驶）过程中应无擦杆、碰杆，应无压线，无出线，应按规定路线行驶						
			B	在规定时限内能完成驾驶操作，但发生以下状况之一： 擦杆； 行驶途中压线						
			C	能完成驾驶操作，但发生以下状况之一： 碰杆； 停车轮胎不在规定线内（出线）						
			D	发生以上 3 项或发生以下状况之一： 碰杆（倒杆）； 未按规定路线行驶						
			E	未答题						

续表

试题代码及名称			1.1.3 曲线穿桩、倒车复位（小型车）		考核时间					15 min	
评价要素		配分	等级	评分细则	评定等级						得分
					A	B	C	D	E		
3	熟练程度	10	A	在 15 min 内完成全部操作，其中，测试时间在 50 s 内完成							
			B	在 15 min 内完成全部操作，其中，测试时间在 55 s 内完成							
			C	在 15 min 内完成全部操作，其中，测试时间在 60 s 内完成							
			D	在规定时限内未完成驾驶操作							
			E	未答题							
合计配分		30		合计得分							

等级	A（优）	B（良）	C（及格）	D（差）	E（未答题）
比值	1.0	0.8	0.6	0.2	0

"评价要素"得分＝配分×等级比值。

三、"S"形车道倒车（大型车）（试题代码：1.2.1；考核时间：15 min）

1. 试题单

（1）操作条件

1) 大型车（如 CA1091）1 辆。

2) 桩杆、桩脚 4 付。

3) 秒表 1 只。

4) 卷尺 1 把。

5) 场地。

①平整硬实长 50 m、宽 35 m 的场地一块。

②按下图用白粉或油漆画好场地：

标杆间尺寸：

标杆 1－2，3－4 为车宽加 100 cm；r 为内圆半径，是车辆最小转弯半径的 1.5 倍。

注：尺寸以标杆为准；地面标线宽为 2 cm；标杆桩脚固定标线用油漆画在桩脚外圈。

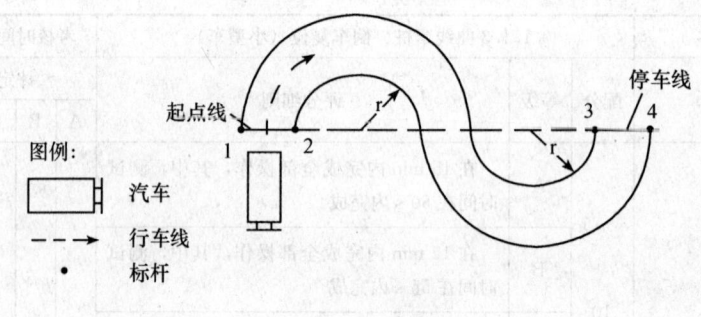

"S"形车道倒车

（2）操作内容

驾驶车辆在设置的考场内，由起步线起步，进行"S"形倒车，待车辆前保险杠出停车线后停车。

（3）操作要求

1）在操作（行驶）过程中应无起步冲动、起步熄火，车速不稳、方向使用不合理，无中途使用制动减速，无中途熄火、停车。

2）在操作（行驶）过程中应无压线，无擦杆、碰杆，无出线，应按规定路线行驶。

3）在 15 min 内完成全部操作，其中，测试时间在 80 s 内完成。

2. 评分表

试题代码及名称			1.2.1 "S"形车道倒车（大型车）	考核时间			15 min		
评价要素	配分	等级	评分细则	评定等级					得分
				A	B	C	D	E	
1. 操作内容完成情况	10	A	在操作（行驶）过程中应无起步冲动、起步熄火，车速不稳、方向盘使用不合理，无中途使用制动减速，无中途熄火、停车						
		B	在规定时限内能完成驾驶操作，但发生以下状况之一： 起步冲动； 方向盘使用不合理； 车速不稳						

续表

试题代码及名称			1.2.1 "S"形车道倒车（大型车）		考核时间				15 min	
评价要素		配分	等级	评分细则	评定等级					得分
					A	B	C	D	E	
1	操作内容完成情况	10	C	能完成驾驶操作，但发生以下状况之一： 起步熄火； 行驶途中使用制动减速						
			D	发生以上3项或发生以下状况之一： 行驶途中熄火； 行驶途中停车						
			E	未答题						
2	操作结果完成质量	10	A	在操作（行驶）过程中应无压线，无擦杆、碰杆，无出线，应按规定路线行驶						
			B	在规定时限内能完成驾驶操作，但发生以下状况之一： 擦杆； 行驶途中压线						
			C	能完成驾驶操作，但发生以下状况之一： 碰杆； 行驶途中出线						
			D	发生以上3项或发生以下状况之一： 碰杆（倒杆）； 未按规定路线行驶						
			E	未答题						
3	熟练程度	10	A	在15 min内完成全部操作，其中，测试时间在70 s内完成						
			B	在15 min内完成全部操作，其中，测试时间在75 s内完成						
			C	在15 min内完成全部操作，其中，测试时间在80 s内完成						
			D	在规定时限内未完成驾驶操作						
			E	未答题						
合计配分		30		合计得分						

等级	A（优）	B（良）	C（及格）	D（差）	E（未答题）
比值	1.0	0.8	0.6	0.2	0

"评价要素"得分＝配分×等级比值。

四、曲线驾驶、反倒车进车位（大型车）（试题代码：1.2.2；考核时间：15 min）

1. 试题单

（1）操作条件

1）大型车（如 CA1091）1 辆。

2）桩杆、桩脚 21 付。

3）三角旗绳 30 m。

4）秒表 1 只。

5）卷尺 1 把。

6）场地。

①平整硬实长 60 m、宽 30 m 的场地一块；

②按下图用白粉或油漆画好场地：

标杆间尺寸：

标杆 1—2、3—4、9—10、13—14 为车宽加 80 cm；标杆 2、4 至 9 在一直线上；标杆 3、4、11 至 13 在一直线上；标杆 1—3、2—4 为 2 车长加 1 车宽；标杆 4—5、8—9 为 1 车宽；标杆 5—6、6—7、7—8、3—11 为 1.5 车长；标杆 11—13 为 1 车长加 0.5 车宽；标杆 9、10 至起步线为 1 车长。

注：桩脚用油漆画固定标线，线宽为 2 cm。

（2）操作内容

1）驾驶车辆在设置的考场内，由起步线起步，再稳速穿桩至停车线。

2）一次反倒车进车位，当车辆前保险杠进入车位的停车线后停车。

（3）操作要求

1）在操作（行驶）过程中应无起步冲动、起步熄火、车速不稳、方向盘使用不合理，无中途使用制动减速、中途熄火、停车。

2）在操作（行驶）过程中应无压线，应无擦杆（或擦绳）、碰杆，无出线，应按规定路

第4部分 操作技能复习题

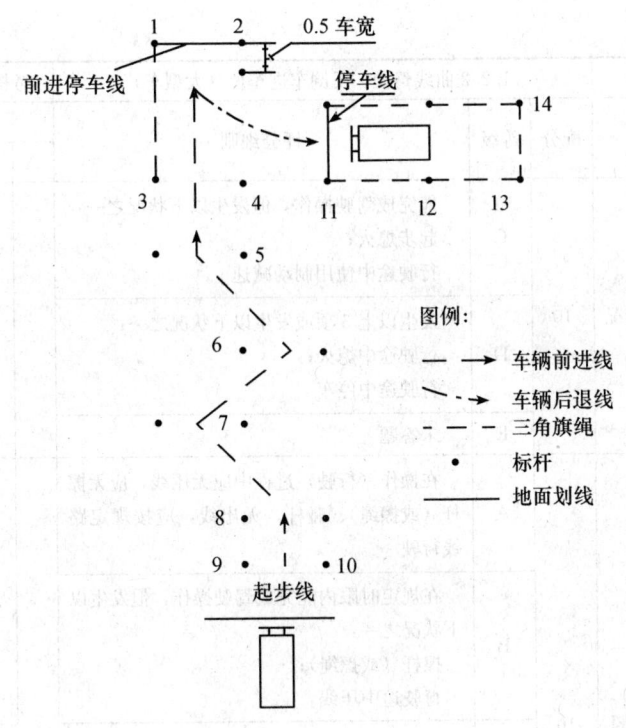

曲线驾驶,反倒车进车位

线行驶。

3) 在 15 min 内完成全部操作,其中,测试时间在 60 s 内完成。

2. 评分表

试题代码及名称			1.2.2 曲线驾驶、反倒车进车位(大型车)	考核时间			15 min	
评价要素	配分	等级	评分细则	评定等级				得分
				A	B	C	D	E	
1 操作内容完成情况	10	A	在操作(行驶)过程中应无起步冲动、起步熄火、车速不稳、方向盘使用不合理,无中途使用制动减速、中途熄火、停车					
		B	在规定时限内能完成驾驶操作,但发生以下状况之一: 起步冲动; 方向盘使用不合理; 车速不稳					

续表

试题代码及名称			1.2.2 曲线驾驶、反倒车进车位（大型车）		考核时间		15 min		
评价要素		配分	等级	评分细则	评定等级				得分
					A	B	C	D	E	
1	操作内容完成情况	10	C	能完成驾驶操作，但发生以下状况之一： 起步熄火； 行驶途中使用制动减速						
			D	发生以上3项或发生以下状况之一： 行驶途中熄火； 行驶途中停车						
			E	未答题						
2	操作结果完成质量	10	A	在操作（行驶）过程中应无压线，应无擦杆（或擦绳）、碰杆，无出线，应按规定路线行驶						
			B	在规定时限内能完成驾驶操作，但发生以下状况之一： 擦杆（或擦绳）； 行驶途中压线						
			C	能完成驾驶操作，但发生以下状况之一： 碰绳（移位）； 碰杆						
			D	发生以上3项或发生以下状况之一： 碰杆（倒杆）； 未按规定路线行驶						
			E	未答题						
3	熟练程度	10	A	在15 min内完成全部操作，其中，测试时间在50 s内完成						
			B	在15 min内完成全部操作，其中，测试时间在55 s内完成						
			C	在15 min内完成全部操作，其中，测试时间在60 s内完成						
			D	在规定时限内未完成驾驶操作						
			E	未答题						
合计配分		30		合计得分						

等级	A（优）	B（良）	C（及格）	D（差）	E（未答题）
比值	1.0	0.8	0.6	0.2	0

"评价要素"得分＝配分×等级比值。

五、复合驾驶（大型车）(试题代码：1.2.3；考核时间：15 min)

1. 试题单

(1) 操作条件

1) 大型车（如 CA1091）1 辆。

2) 桩杆、桩脚 19 付。

3) 三角旗绳 45 m。

4) 秒表 1 只。

5) 卷尺 1 把。

6) 场地。

①平整硬实长 70 m、宽 25 m 的场地一块。

②按下图用白粉或油漆画好场地：

标杆间尺寸：

标杆 1—2、7—8 为车宽加 90 cm；标杆 1、3 至 7 在一直线上；标杆 1—3、6—7 为 1 车宽；标杆 3—4、4—5、5—6 为 1.5 车长；库内停车线距边线距离 S 为 100 cm。

注：图中虚线为三角旗绳；桩脚外圈用油漆画固定标线，线宽为 2 cm。

(2) 操作内容

1) 驾驶车辆在设置的考场内，由起步线起步，曲线稳速穿桩入车库按规定停车。

2) 采用二进二倒方法在车库调头，曲线穿桩驶出，待车辆后保险杠出终止线后停车。

(3) 操作要求

1) 库内停车规定：第一次停车（一进）须右前轮在停车线内；第二次停车（一倒）须右前、后轮均在停车线内。

在操作（行驶）过程中应无起步冲动、起步熄火、车速不稳、方向盘使用不合理，无中途使用制动减速、中途熄火、停车。

2) 在操作（行驶）过程中应无擦杆（或擦绳）、碰杆，应无压线，无出线，应按规定路

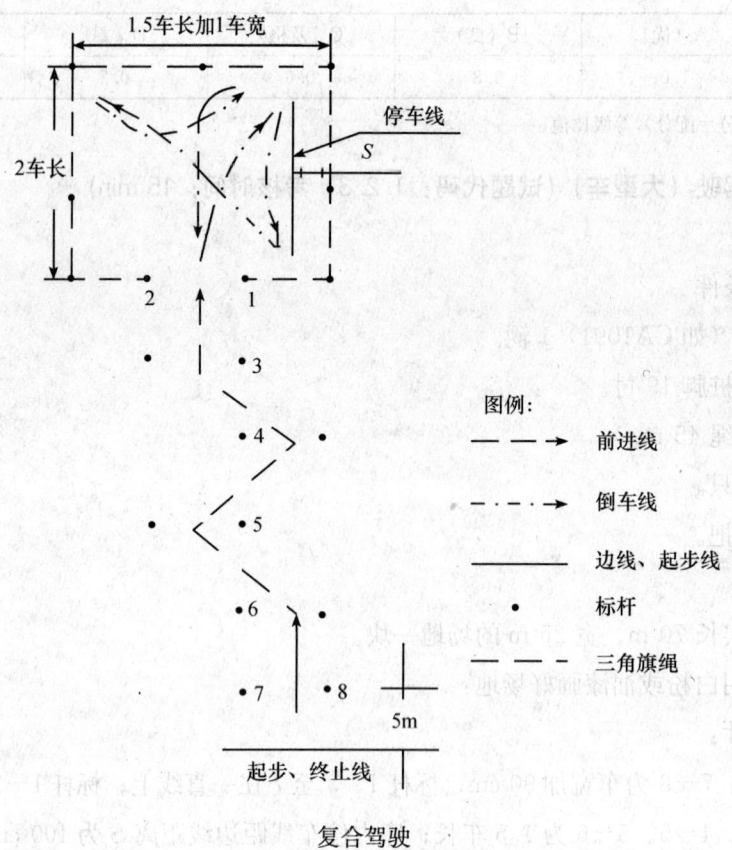

复合驾驶

线行驶。

3) 在 15 min 内完成全部操作,其中,测试时间在 100 s 内完成。

2. 评分表

试题代码及名称			1.2.3 复合驾驶(大型车)					考核时间	15 min	
评价要素	配分	等级	评分细则		评定等级					得分
				A	B	C	D	E		
1 操作内容完成情况	10	A	库内停车规定:第一次停车(一进)须右前轮在停车线内;第二次停车(一倒)须右前、后轮均在停车线内,在操作(行驶)过程中应无起步冲动、起步熄火、车速不稳、方向盘使用不合理,无中途使用制动减速、中途熄火、停车							

续表

试题代码及名称			1.2.3 复合驾驶（大型车）		考核时间		15 min			
评价要素	配分	等级	评分细则		评定等级					得分
					A	B	C	D	E	
1	操作内容完成情况	10	B	在规定时限内能完成驾驶操作，但发生以下状况之一： 起步冲动； 变速齿轮有撞击； 方向使用不合理； 车速不稳						
			C	能完成驾驶操作，但发生以下状况之一： 起步熄火； 行驶途中使用制动减速						
			D	发生以上3项或发生以下状况之一： 行驶中熄火； 行驶途中停车						
			E	未答题						
2	操作结果完成质量	10	A	在操作（行驶）过程中应无擦杆（或擦绳）、碰杆，应无压线，无出线，应按规定路线行驶						
			B	在规定时限内能完成驾驶操作，但发生以下状况之一： 擦杆； 压停车线						
			C	能完成驾驶操作，但发生以下状况之一： 碰杆； 停车轮胎不在规定线内（出线）						
			D	发生以上3项或发生以下状况之一： 碰杆（倒杆）； 未按规定路线行驶						
			E	未答题						

续表

试题代码及名称			1.2.3 复合驾驶（大型车）	考核时间		15 min	
评价要素	配分	等级	评分细则	评定等级			得分
				A B	C	D E	
3	熟练程度	10	A	在 15 min 内完成全部操作，其中，测试时间在 90 s 内完成			
			B	在 15 min 内完成全部操作，其中，测试时间在 95 s 内完成			
			C	在 15 min 内完成全部操作，其中，测试时间在 100 s 内完成			
			D	在规定时限内未完成驾驶操作			
			E	未答题			
合计配分		30	合计得分				

等级	A（优）	B（良）	C（及格）	D（差）	E（未答题）
比值	1.0	0.8	0.6	0.2	0

"评价要素"得分＝配分×等级比值。

故障诊断与排除技能一

排除柴油机燃料供给系的故障（试题代码：2.1.2；考核时间：15 min）

1. 试题单

（1）操作条件

1）台架柴油发动机 1 台。

2）柴油发动机油路故障件 1 套。

3）常用工具 1 套。

（2）操作内容

1）在规定时限内，认真检查燃、润油、水和电状况。

2）正确诊断故障，彻底排除故障。

(3) 操作要求

1) 在规定时限内，操作应符合安全规范，认真检查燃、润油、水和电状况。结果符合工艺规范。

2) 在规定时限内，正确使用起动机，正确诊断故障（考评员设置1处故障），彻底排除故障。操作符合安全规范，结果符合工艺规范。

3) 在 15 min 内完成全部操作。

2. 评分表

试题代码及名称			2.1.2 排除柴油机燃料供给系的故障		考核时间		15 min			
评价要素		配分	等级	评分细则	评定等级					得分
					A	B	C	D	E	
1	操作内容完成情况	10	A	在规定时限内，操作应符合安全规范，认真检查燃、润油、水和电状况，结果符合工艺规范						
			B	能完成作业，但有以下状况之一： 漏检燃油； 操作时有工具或零件坠地						
			C	能完成作业，但有以下状况之一： 漏检水、电； 选用工具不正确						
			D	有以上3项或有以下状况之一： 漏检机油； 使用工具不正确						
			E	未答题						
2	操作结果完成质量	10	A	在规定时限内，正确使用起动机，正确诊断故障（考评员设置1处故障），彻底排除故障。操作符合安全规范，结果符合工艺规范						
			B	能完成作业，但有以下状况之一： 连续使用起动机超过5 s； 没有适时切断电源						

续表

试题代码及名称			2.1.2 排除柴油机燃料供给系的故障				考核时间	15 min	
评价要素		配分	等级	评分细则	评定等级				得分
					A	B	C	D	E	
2	操作结果完成质量	10	C	能完成作业，但有以下状况之一：诊断错误（以调换故障件或有排除故障操作行为为准）≤2次；虽排除故障能启动发动机但调试发动机工作尚不符合技术要求						
			D	诊断错误（以调换故障件或有排除故障操作行为为准）≥3次						
			E	未答题						
3	熟练程度	5	A	在11 min内完成全部操作						
			B	在13 min内完成全部操作						
			C	在15 min内完成全部操作						
			D	在规定时限内未完成操作						
			E	未答题						
合计配分		25		合计得分						

等级	A（优）	B（良）	C（及格）	D（差）	E（未答题）
比值	1.0	0.8	0.6	0.2	0

"评价要素"得分＝配分×等级比值。

故障诊断与排除技能二

一、排除汽车（液压式）制动系的常见故障（试题代码：3.1.2；考核时间：15 min）

1. 试题单

（1）操作条件

1）整车或鉴定用实验台1台。

2）制动系常见故障件。

3）底盘维护的常用工具及设备。

（2）操作内容

在规定时限内，应能正确诊断故障，彻底排除故障。

（3）操作要求

1）在规定时限内，操作应符合安全规范，认真检查驻车制动情况，检查举升器状况。结果符合技术要求。

2）在规定时限内，操作应符合安全规范；应能正确诊断故障，彻底排除故障。结果应符合技术要求。

3）在 15 min 内完成全部操作。

2. 评分表

试题代码及名称			3.1.2 排除汽车（液压式）制动系的常见故障		考核时间			15 min		
评价要素		配分	等级	评分细则	评定等级					得分
					A	B	C	D	E	
1	操作内容完成情况	5	A	在规定时限内，操作应符合安全规范，认真检查驻车制动情况，检查举升器状况，结果符合技术要求						
			B	能完成作业，但有以下状况之一： 操作前不检查驻车制动情况； 操作时有工具或零件坠地						
			C	能完成作业，但有以下状况之一： 使用举升器不当； 选用工具不正确						
			D	有以上 3 项或有以下状况之一： 操作不符合安全规范； 使用工具不正确						
			E	未答题						
2	操作结果完成质量	10	A	在规定时限内，操作应符合安全规范；应能正确诊断故障，彻底排除故障。结果应符合技术要求						
			B	能完成作业，但有以下状况： 检测方法正确，排除故障不彻底						

续表

试题代码及名称			3.1.2 排除汽车（液压式）制动系的常见故障	考核时间				15 min	
评价要素	配分	等级	评分细则	评定等级					得分
				A	B	C	D	E	
2 操作结果完成质量	10	C	能完成作业，但有以下状况之一： 检测方法不正确； 诊断错误（以有排除故障操作行为为准）≤2次						
		D	有以下状况： 诊断错误（以有排除故障操作行为为准）≥3次						
		E	未答题						
3 熟练程度	5	A	在 11 min 内完成全部操作						
		B	在 13 min 内完成全部操作						
		C	在 15 min 内完成全部操作						
		D	在规定时限内未完成操作						
		E	未答题						
合计配分	20		合计得分						

等级	A（优）	B（良）	C（及格）	D（差）	E（未答题）
比值	1.0	0.8	0.6	0.2	0

"评价要素"得分＝配分×等级比值。

二、排除汽车转向沉重的故障（试题代码：3.1.3；考核时间：15 min）

1. 试题单

（1）操作条件

1）整车或鉴定用实验台 1 台。

2）转向器专用工具 1 套。

3）底盘维护的常用工具及设备 1 套。

（2）操作内容

在规定时限内，应能正确诊断故障，彻底排除故障。

（3）操作要求

1) 在规定时限内,操作应符合安全规范,认真检查驻车制动情况,检查举升器状况。

2) 在规定时限内,操作应符合安全规范;应能正确诊断故障,彻底排除故障。结果应符合技术要求。

3) 在 15 min 内完成全部操作。

2. 评分表

试题代码及名称			3.1.3 排除汽车转向沉重的故障	考核时间			15 min		
评价要素	配分	等级	评分细则	评定等级					得分
				A	B	C	D	E	
1	操作内容完成情况	5	A	在规定时限内,操作应符合安全规范,认真检查驻车制动情况,检查举升器状况					
			B	能完成作业,但有以下状况之一: 操作前不检查驻车制动情况; 操作时有工具或零件坠地					
			C	能完成作业,但有以下状况之一: 使用举升器不当; 选用工具不正确					
			D	有以上 3 项或有以下状况之一: 操作不符合安全规范; 使用工具不正确					
			E	未答题					
2	操作结果完成质量	10	A	在规定时限内,操作应符合安全规范; 应能正确诊断故障,彻底排除故障,结果应符合技术要求					
			B	能完成作业,但有以下状况: 检测方法正确,排除故障不彻底					
			C	能完成作业,但有以下状况之一: 检测方法不正确; 诊断错误(以有排除故障操作行为为准) ≤2 次					
			D	有以下状况: 诊断错误(以有排除故障操作行为为准) ≥3 次					
			E	未答题					

续表

试题代码及名称			3.1.3 排除汽车转向沉重的故障		考核时间			15 min	
评价要素		配分	等级	评分细则	评定等级				得分
					A	B	C	D	E	
3	熟练程度	5	A	在 11 min 内完成全部操作						
			B	在 13 min 内完成全部操作						
			C	在 15 min 内完成全部操作						
			D	在规定时限内未完成操作						
			E	未答题						
合计配分		20		合计得分						

等级	A（优）	B（良）	C（及格）	D（差）	E（未答题）
比值	1.0	0.8	0.6	0.2	0

"评价要素"得分=配分×等级比值。

三、排除汽车充电电路的常见故障（试题代码：3.1.4；考核时间：15 min）

1. 试题单

（1）操作条件

1）整车或鉴定用实验台 1 台。

2）万用表 1 套。

3）充电电路常见故障件 1 套。

（2）操作内容

在规定时限内，应能正确诊断故障，彻底排除故障。

（3）操作要求

1）在规定时限内，操作应符合安全规范，认真检查驻车制动情况，检查电路连接情况。结果符合技术要求。

2）在规定时限内，操作应符合安全规范；应能正确诊断故障，彻底排除故障。结果应符合技术要求。

3）在 15 min 内完成全部操作。

2. 评分表

试题代码及名称			3.1.4 排除汽车充电电路的常见故障		考核时间			15 min		
评价要素		配分	等级	评分细则	评定等级					得分
					A	B	C	D	E	
1	操作内容完成情况	5	A	在规定时限内,操作应符合安全规范,认真检查驻车制动情况,检查电路连接情况,结果符合技术要求						
			B	能完成作业,但有以下状况之一: 操作前不检查驻车制动情况; 操作时有工具或零件坠地						
			C	能完成作业,但有以下状况之一: 不检查电路连接情况; 选用工具不正确						
			D	有以上3项或有以下状况之一: 操作不符合安全规范; 使用工具不正确						
			E	未答题						
2	操作结果完成质量	10	A	在规定时限内,操作应符合安全规范;应能正确诊断故障,彻底排除故障。结果应符合技术要求						
			B	能完成作业,但有以下状况: 检测方法正确,排除故障不彻底						
			C	能完成作业,但有以下状况之一: 检测方法不正确; 诊断错误(以调换故障件或有排除故障行为为准)≤2次						
			D	有以下状况: 诊断错误(以有调换故障件或有排除故障行为为准)≥3次						
			E	未答题						

续表

试题代码及名称			3.1.4 排除汽车充电电路的常见故障				考核时间	15 min
评价要素	配分	等级	评分细则	评定等级				得分
				A	B	C	D	E
3	熟练程度	5	A	在 11 min 内完成全部操作					
			B	在 13 min 内完成全部操作					
			C	在 15 min 内完成全部操作					
			D	在规定时限内未完成操作					
			E	未答题					
合计配分		20	合计得分					

等级	A（优）	B（良）	C（及格）	D（差）	E（未答题）
比值	1.0	0.8	0.6	0.2	0

"评价要素"得分＝配分×等级比值。

维修技能

一、制动主阀的检修（试题代码：4.1.2；考核时间：15 min）

1. 试题单

（1）操作条件

1）液压或气压式制动主阀 1 只。

2）工作台 1 只。

3）拆装制动阀的常用工具 1 套。

4）千分尺、量缸表 1 套。

5）游标卡尺 1 把。

（2）操作内容

在规定时限内，使用工具正确检修。

（3）操作要求

1）操作时符合安全规范；选用、使用工具应正确；操作时无工具或零件坠地；分解、检查方法应符合操作工艺规范；零件检修应符合技术要求；安装应符合操作工艺规范，无零件漏检；检修、安装后制动阀应符合技术要求。

2）在 15 min 内完成全部操作。

2. 评分表

试题代码及名称			4.1.2 制动主阀的检修	考核时间			15 min		
评价要素	配分	等级	评分细则	评定等级					得分
				A	B	C	D	E	
1 操作内容和结果完成质量情况	15	A	操作时符合安全规范； 选用、使用工具应正确； 操作时无工具或零件坠地； 分解、检查方法应符合操作工艺规范； 零件检修应符合技术要求； 安装应符合操作工艺规范，无零件漏检； 检修、安装后制动阀应符合技术要求						
		B	能在规定时限内完成作业，但有以下状况之一： 选用、使用工具不正确； 操作时有工具或零件坠地； 分解不符合操作工艺规范						
		C	能在规定时限内完成作业，但有以下情况之一： 检修不符合操作规范； 有错装或漏装零件现象						
		D	有错装或漏装主要零件，安装后制动阀不符合技术要求情况						
		E	未答题						
2 熟练程度	10	A	在 11 min 内完成全部操作						
		B	在 13 min 内完成全部操作						
		C	在 15 min 内完成全部操作						
		D	在规定时限内未完成操作						
		E	未答题						
合计配分	25		合计得分						

等级	A（优）	B（良）	C（及格）	D（差）	E（未答题）
比值	1.0	0.8	0.6	0.2	0

"评价要素"得分＝配分×等级比值。

二、汽车发电机的检修（试题代码：4.1.3；考核时间：15 min）

1. 试题单

（1）操作条件

1）交流发电机1只。

2）工作台1只。

3）万用表1只。

4）常用工具1套。

（2）操作内容

在规定时限内，使用工具正确检修。

（3）操作要求

1）操作时符合安全规范；选用、使用工具应正确；操作时无工具或零件坠地；分解、检查方法应符合操作工艺规范；零件检修应符合技术要求；安装应符合操作工艺规范，无零件漏检；检修、安装后发电机应符合技术要求。

2）在15 min内完成全部操作。

2. 评分表

试题代码及名称			4.1.3汽车发电机的检修	考核时间		15 min			
评价要素	配分	等级	评分细则	评定等级					得分
				A	B	C	D	E	
1 操作内容和结果完成质量情况	15	A	操作时符合安全规范； 选用、使用工具应正确； 操作时无工具或零件坠地； 分解、检查方法应符合操作工艺规范； 零件检修应符合技术要求； 安装应符合操作工艺规范，无零件漏检； 检修、安装后发电机应符合技术要求						

续表

试题代码及名称			4.1.3 汽车发电机的检修		考核时间			15 min	
评价要素	配分	等级	评分细则		评定等级				得分
				A	B	C	D	E	
1 操作内容和结果完成质量情况	15	B	能在规定时限内完成作业,但有以下状况之一: 选用、使用工具不正确; 操作时有工具或零件坠地; 分解不符合操作工艺规范						
		C	能在规定时限内完成作业,但有以下情况之一: 有错装或漏装现象; 安装尚不符合操作工艺规范						
		D	有错装或漏装主要零件; 操作后发电机不符合技术要求						
		E	未答题						
2 熟练程度	10	A	在 11 min 内完成全部操作						
		B	在 13 min 内完成全部操作						
		C	在 15 min 内完成全部操作						
		D	在规定时限内未完成操作						
		E	未答题						
合计配分	25		合计得分						

等级	A(优)	B(良)	C(及格)	D(差)	E(未答题)
比值	1.0	0.8	0.6	0.2	0

"评价要素"得分=配分×等级比值。

三、调整离合器踏板自由行程(试题代码:4.1.4;考核时间:15 min)

1. 试题单

(1) 操作条件

1) 整车 1 辆。

2) 底盘维护的常用工具及设备 1 套。

3) 300 mm 直尺 1 把。

（2）操作内容

在规定时限内，检测、调整。

（3）操作要求

1) 在规定时限内，操作应符合安全规范；检测、调整方法应正确；经调整后离合器踏板的自由行程符合技术要求。

2) 在 15 min 内完成全部操作。

2. 评分表

试题代码及名称			4.1.4 调整离合器踏板自由行程		考核时间	15 min	
评价要素		配分	等级	评分细则	评定等级		得分
					A B C	D E	
1	操作内容和结果完成质量情况	15	A	在规定时限内，操作应符合安全规范；检测、调整方法应正确；经调整后离合器踏板的自由行程符合技术要求			
			B	能完成作业，但有以下情况之一：操作前不检查驻车情况；操作时有工具或零件坠地；使用工具、量具不正确			
			C	能完成作业，但有以下情况：调整后，自由行程与技术要求的误差值≤4 mm；调整，紧固不符合操作工艺规范			
			D	有以下情况：调整结果与技术要求的误差值≥5 mm			
			E	未答题			
2	熟练程度	10	A	在 11 min 内完成全部操作			
			B	在 13 min 内完成全部操作			
			C	在 15 min 内完成全部操作			
			D	在规定时限内未完成操作			
			E	未答题			
合计配分		25		合计得分			

等级	A（优）	B（良）	C（及格）	D（差）	E（未答题）
比值	1.0	0.8	0.6	0.2	0

"评价要素"得分＝配分×等级比值。

四、检查调整转向盘的自由转动量（试题代码：4.1.5；考核时间：15 min）

1. 试题单

（1）操作条件

1）整车 1 辆。

2）底盘维护的常用工具及设备 1 套。

3）专用角度尺或自由转动量检测仪 1 把。

（2）操作内容

在规定时限内，检测、调整。

（3）操作要求

1）在规定时限内，操作应符合安全规范；检测、调整方法应正确；经调整后转向盘的自由转动量应符合技术要求。

2）在 15 min 内完成全部操作。

2. 评分表

试题代码及名称			4.1.5 检查调整转向盘的自由转动量	考核时间		15 min	
评价要素	配分	等级	评分细则	评定等级			得分
				A	B	C	D	E	
1	操作内容和结果完成质量情况	15	A	在规定时限内，操作应符合安全规范；检测、调整方法应正确；经调整后转向盘的自由转动量应符合技术要求						
			B	能完成作业，但有以下情况之一：操作前不检查驻车情况；操作时有工具或零件坠地；使用工具、量具不正确						
			C	能完成作业，但有以下情况：调整后，自由行程比技术要求的误差值≥±2°；调整、紧固不符合操作工艺规范						

续表

试题代码及名称			4.1.5 检查调整转向盘的自由转动量						考核时间		15 min
评价要素		配分	等级	评分细则		评定等级					得分
						A	B	C	D	E	
1	操作内容和结果完成质量情况	15	D	有以下情况：调整结果自由行程比技术要求的误差值≥±5°							
			E	未答题							
2	熟练程度	10	A	在 11 min 内完成全部操作							
			B	在 13 min 内完成全部操作							
			C	在 15 min 内完成全部操作							
			D	在规定时限内未完成操作							
			E	未答题							
合计配分		25		合计得分							

等级	A（优）	B（良）	C（及格）	D（差）	E（未答题）
比值	1.0	0.8	0.6	0.2	0

"评价要素"得分＝配分×等级比值。

第5部分

理论知识考试模拟试卷及答案

汽车驾驶员（四级）理论知识试卷

注 意 事 项

1. 考试时间：90 min。
2. 请首先按要求在试卷的标封处填写您的姓名、准考证号和所在单位的名称。
3. 请仔细阅读各种题目的回答要求，在规定的位置填写您的答案。
4. 不要在试卷上乱写乱画，不要在标封区填写无关的内容。

	一	二	总分
得分			

得分	
评分人	

一、判断题（第1题～第60题。将判断结果填入括号中。正确的填"√"，错误的填"×"。每题0.5分，满分30分）

1. 以发动机曲轴对外输出功率为基础的指标称为有效指标。　　　　　　　　　（　　）
2. 由于柴油蒸发性差，可燃混合气的形成只能采用高压喷射法。　　　　　　　（　　）
3. 采用整体式气缸体，发动机运行时气缸中的噪声和振动会传递到曲轴箱，产生共鸣

和共振的现象。 ( )
4. 气缸盖封闭气缸，并与活塞顶、气缸壁共同构成燃烧室。 ( )
5. 活塞环中的扭曲环之所以会扭曲是因为环断面不对称。 ( )
6. 对于缸数为 i 的四冲程发动机，做功间隔为 $720°/i$。 ( )
7. 连杆轴承间隙过小，会引起异响。 ( )
8. 油底壳机油发白的基本原因是由于发动机漏水造成的。 ( )
9. 发动机曲轴驱动凸轮轴旋转，控制和驱动各缸气门的开闭符合发动机的工作顺序、配气相位及气门开度的变化规律等要求。 ( )
10. 在燃烧室的高温下，气门不会因受热膨胀而伸长。 ( )
11. 柴油机燃油供给系统的工作情况对柴油机的功率和油耗有重要的影响 ( )
12. 出车前应检查机油油面的高度，油面高度以油尺的上极限刻度为标准。 ( )
13. 发动机防冻液可降低冷却水的冰点及沸点。 ( )
14. 听察发动机运转声音，应在发动机走热后无负荷行驶时进行。 ( )
15. 在发动机大修竣工之后，不得有漏水、漏油、漏气及漏电现象。 ( )
16. 摩擦式离合器是通过主动件和从动件两者接触面之间的摩擦作用来传递转矩的。 ( )
17. 离合器踏板自由行程过大，将会发生离合器发抖。 ( )
18. 变速器齿轮油不足或品质恶化会出现异响。 ( )
19. 自锁装置失效，将引起变速器乱挡。 ( )
20. 汽车在不平道路上行驶时，差速器能使两侧驱动轮转速保持相等。 ( )
21. 前轮定位时，可以在任何状态下调整前轮前束。 ( )
22. 最大制动力是在车轮临"抱死"却又未完全"抱死"时出现。 ( )
23. 由于温度过高，当制动液发生气化而产生气阻时，会造成液压制动不良。 ( )
24. 制动鼓与摩擦片的间隙过大，将使制动距离增大。 ( )
25. 汽车的使用方便性表示乘客和驾驶员在行车时的舒适性、货物的完整无损、操纵轻便以及迅速而简便地完成装卸工作的特性。 ( )
26. 在良好路面上行驶时应尽可能保持汽车高速行驶。 ( )

27. 通常评价汽车制动效能的主要指标有三个，而在实践中应用较多的指标是制动距离。（　　）

28. 高温给发动机的早燃和爆燃提供条件，使动力性能下降，并加剧发动机的磨损。
（　　）

29. 在低温条件下，柴油机无须在起动前对燃烧室进行加热。（　　）

30. 应坚持日常检查并去除附着于胎纹之间的石粒及杂物，检查轮胎磨损情况，确保轮胎的胎纹深度在建议的深度内。（　　）

31. 在电路中任意两点间的电位差称为这两点间的电压。（　　）

32. 电阻的大小与导体的横截面积成正比。（　　）

33. 晶体三极管的类型有 PNP 型和 NPN 型两种。（　　）

34. 蓄电池点火系的工作特性主要是指在使用中各种条件对二次电压的影响。（　　）

35. 从点火开始到活塞到达上止点的一段凸轮轴转角称为点火提前角。（　　）

36. 爆燃会引起发动机动力下降，油耗增加，发动机过热，对发动机极为有害。（　　）

37. 混合气的成分对最佳点火提前角的影响不大。（　　）

38. 在汽车上普通蓄电池与发电机两者的线路连接方法是采用串联式。（　　）

39. 交流发电机是利用晶体三极管的单向导电特性将直流电变为交流电。（　　）

40. 当发动机起动后，若驾驶员未及时释放起动开关，不会造成单向离合器的磨损和蓄电池能量的消耗。（　　）

41. 汽车运行期间，发动机不能起动或起动后运转不均匀以及中途熄火等，大都由点火系和燃料供给系故障所致。（　　）

42. 交流发电机运转时，严禁用"试火法"短接接柱来检查其是否发电。（　　）

43. 前大灯正常时远光光束中心点能照射在距车 200 mm 左右的路面中间。（　　）

44. 按动喇叭时间不要过长，以免烧坏触点。（　　）

45. 水温表用于显示发动机冷却水的工作温度和水量。（　　）

46. 汽油发动机的电子控制系统按其控制功能可分为电子控制汽油喷射系统、电子控制点火系统和辅助控制系统三大部分。（　　）

47. 燃油供给系统将汽油从油箱送给燃油分配管，然后分送到各个喷油器。油压调节器

则对燃油压力进行调整,多余的燃油经压力调节器送回油箱。（   ）

48. 电控发动机控制单元的英文缩写为ECU。（   ）

49. 三元催化转换器可以对发动机排放废气中的一氧化碳、碳氢化合物和氮氧化合物进行净化处理。（   ）

50. 代用燃料发动机的低排放,甚至"零排放"对环保更加有利。（   ）

51. 双燃料发动机一般是指在气缸内两种燃料不可以混合燃烧的发动机。（   ）

52. 氢是唯一不含碳的燃料,不排放CO,HC,但仍有NO_x生成、易燃,火焰传播特性好。（   ）

53. LPG汽车与汽、柴油车相比,具有燃烧完全、积炭少、噪声低及排放污染少等优点。（   ）

54. ABS是汽车防抱死制动控制系统的英文缩写。（   ）

55. 如果在制动时将车轮滑移率控制在15%~20%,可得到最大的制动力。（   ）

56. 在制动时轮速传感器测量车轮的速度,如果一个车轮有抱死的可能时,车轮减速度增加很快,车轮开始滑转。（   ）

57. 车轮滑移率的值是由轮速传感器直接检测得出的。（   ）

58. 在ABS中,电磁式轮速传感器由传感头和调节器两部分组成。（   ）

59. 轮速传感器的作用是检测车轮的速度,并将轮速信号输入到ABS的电子控制单元。（   ）

60. ABS的控制速度范围一般为8~260 km/h以至更大。（   ）

得分	
评分人	

二、单项选择题（第1题~第140题。选择一个正确的答案,将相应的字母填入题内的括号中。每题0.5分,满分70分）

1. 发动机根据结构分为直列式、（   ）和对置式。

　　A. U形式　　　B. V形式　　　C. L形式　　　D. Y形式

2. 上止点是活塞顶部离曲轴中心的（   ）位置。

　　A. 最低处　　　B. 最深处　　　C. 最近处　　　D. 最远处

3. 在发动机气缸内混合气（或空气）被压缩的程度用（　　）来表述。
   A. 压强比　　　　B. 压缩比　　　　C. 混合比　　　　D. 空燃比
4. 有效指标（　　）了发动机在热功转换过程中为维持实际循环工作过程中所消耗掉的功。
   A. 增加　　　　　B. 减少　　　　　C. 平均　　　　　D. 扣除
5. 发动机有效转矩与曲轴角速度的乘积称为（　　）。
   A. 指示功率　　　B. 有效功率　　　C. 最大转矩　　　D. 最大功率
6. 燃油消耗率指发动机每发出（　　）kW有效功率，在1 h内所消耗的燃油质量克数。
   A. 1　　　　　　B. 10　　　　　　C. 100　　　　　　D. 1 000
7. 废气在自身残余（　　）和活塞的推力作用下从气缸中排出，进入大气之中。
   A. 燃料　　　　　B. 燃烧　　　　　C. 压力　　　　　D. 温度
8. 柴油机混合气的形成不同于汽油机，它是在（　　）形成可燃混合气的。
   A. 气缸外　　　　B. 气缸内　　　　C. 进气管外　　　D. 进气管内
9. 四冲程柴油发动机的混合气燃烧方式为（　　）方式。
   A. 电火花　　　　B. 电脉冲　　　　C. 压缩　　　　　D. 加热
10. 活塞连杆组主要包括活塞、（　　）、活塞销、连杆等。
    A. 气缸套　　　　B. 活塞环　　　　C. 曲轴　　　　　D. 曲拐
11. 曲轴和飞轮等是（　　）组的主要组成部分。
    A. 气缸　　　　　B. 曲轴　　　　　C. 活塞连杆　　　D. 曲轴飞轮
12. 对于铝合金气缸体而言，因其（　　）不好必须镶以气缸套。
    A. 耐热性　　　　B. 耐磨性　　　　C. 耐酸性　　　　D. 耐碱性
13. 气缸套的外表面不直接与冷却水接触的称为（　　）气缸套。
    A. 干式　　　　　B. 湿式　　　　　C. 整体式　　　　D. 分体式
14. 湿式气缸套为防止漏水，缸套下部设（　　）个耐油耐热橡胶密封圈。
    A. 0~1　　　　　B. 1~2　　　　　C. 2~3　　　　　D. 3~4
15. 汽油机因缸径较小、缸盖负荷较轻，多采用（　　）气缸盖。
    A. 组合式　　　　B. 分开式　　　　C. 整体式　　　　D. 分体式

16. 要求活塞在温度变化时，尺寸及形状的变化（　　）。
    A. 要大　　　　B. 要小　　　　C. 不变　　　　D. 相同

17. 开口间隙又称（　　），是活塞冷状态下装入气缸后开口处的间隙。
    A. 侧隙　　　　B. 背隙　　　　C. 端隙　　　　D. 边隙

18. 气环装入气缸内必须有端隙，且各环开口要相互（　　）。
    A. 朝上　　　　B. 朝下　　　　C. 错开　　　　D. 对齐

19. 在做功冲程时，气环的密封作用主要靠（　　）。
    A. 气环上的油膜　　　　　　　B. 燃气的压力
    C. 活塞环本身的弹力　　　　　D. 间隙

20. 活塞销在高温下承受周期性冲击载荷，润滑条件（　　）。
    A. 好　　　　　B. 较好　　　　C. 一般　　　　D. 差

21. V型发动机曲轴的曲拐数（　　）气缸数。
    A. 小于　　　　B. 大于　　　　C. 一半　　　　D. 等于

22. 在安排多缸发动机的工作顺序时，各缸做功间隔应力求（　　）。
    A. 均匀　　　　B. 一致　　　　C. 完美　　　　D. 同步

23. 曲轴承受一个周期性变化的扭转（　　），从而形成曲轴对于飞轮的扭转摆动。
    A. 应力　　　　B. 阻力　　　　C. 外力　　　　D. 内力

24. 常用的扭转减振器还有（　　）和硅油式等数种。
    A. 液压式　　　B. 弹力式　　　C. 摩擦式　　　D. 综合式

25. 曲柄连杆机构的故障属于机械类故障，大多数是以（　　）的形式出现。
    A. 响声　　　　B. 气味　　　　C. 异响　　　　D. 色彩

26. 活塞敲缸声在冷车时明显，热车时减弱或消失，说明活塞销与连杆衬套（　　）。
    A. 润滑不良　　B. 冷却不足　　C. 装配过紧　　D. 装配过松

27. 判断某一缸连杆轴承响的方法之一是可用（　　）试验。
    A. 气缸加压法　B. 隔缸断火法　C. 逐缸断火法　D. 点火提前法

28. 当连杆轴颈磨损或圆度误差过大时，应修磨连杆轴颈并配以相应（　　）的连杆轴承。

A. 尺寸　　　　B. 精度　　　　C. 修理级别　　　　D. 修理类别

29. 活塞变形或活塞环开口间隙过小，造成活塞与气缸壁的配合间隙（　　），致使润滑不良。

A. 过小　　　　B. 过大　　　　C. 不变　　　　D. 适宜

30. 活塞销与活塞销座孔配合松旷时，发动机转速变化，响声的（　　）也随着变化。

A. 强度　　　　B. 音质　　　　C. 周期　　　　D. 回音

31. 用气缸压力表诊断气缸压力的条件之一是（　　）。

A. 发动机在急速运转中进行　　　　B. 发动机运转至正常温度熄灭
C. 冷车熄灭　　　　D. 化油器阻风门全开，节气门全闭

32. 发动机相邻两缸气缸压力低，其他缸均正常，说明（　　）。

A. 气缸磨损　　　　B. 活塞环磨损　　　　C. 气缸垫烧蚀　　　　D. 气门漏气

33. 测量进气歧管真空度，先将发动机运行到正常温度，然后稳定在（　　）运转状态。

A. 急速　　　　B. 低速　　　　C. 中速　　　　D. 高速

34. 迅速开启、关闭节气门，真空表指针随之摆动在（　　）kPa 之间，说明发动机工作良好。

A. 7~65　　　　B. 7~75　　　　C. 7~85　　　　D. 7~95

35. 气缸漏气量检查时，若空气从曲轴箱的通气孔漏出，说明（　　）漏气。

A. 气缸或气缸盖　　　　B. 气门或气门座
C. 活塞或活塞环　　　　D. 进气歧管衬垫

36. 发动机出现动力不足，排气管冒（　　），且排出水珠，说明气缸垫烧穿或缸盖破裂。

A. 黑烟　　　　B. 蓝烟　　　　C. 白烟　　　　D. 油烟

37. 若缸体或缸盖的（　　）破裂，机油中会有冷却液渗入，且冷却液消耗过快。

A. 冷却水管　　　　B. 冷却水套　　　　C. 冷却开关　　　　D. 管接垫片

38. 凸轮轴上置式配气机构是凸轮轴直接通过（　　）来驱动气门。

A. 推杆　　　　B. 挺柱　　　　C. 摇臂　　　　D. 齿轮

39. 发动机曲轴转速与配气机构的凸轮轴转速之比为（　　）。

A. 1∶1 　　　　B. 1∶2 　　　　C. 2∶1 　　　　D. 2∶3

40. 气门的关闭是由（　　）来完成的。
   A. 气门传动组　　B. 气门弹簧　　C. 凸轮　　D. 齿轮

41. 废气排出装置主要是排气管、（　　）等。
   A. 排气阀　　B. 抽气泵　　C. 排气门　　D. 排气消声器

42. 为了保证进入气缸的汽油有足够汽油蒸发，发动机能顺利起动，需供给（　　）的混合气。
   A. 较稀　　B. 标准　　C. 较浓　　D. 极浓

43. 柴油机燃油供给系统所谓的定时供油，就是按照供油（　　）要求进行供油。
   A. 时间　　B. 相位　　C. 不同　　D. 顺序

44. 在调试柴油发动机喷油泵时，只要改变柱塞与套的相对位置，就可改变（　　）。
   A. 供油压力　　　　　　　　B. 供油量
   C. 供油开始时间　　　　　　D. 供油提前角过大

45. 发动机内部一般采用压力润滑和（　　）的复合式润滑。
   A. 随机润滑　　B. 飞溅润滑　　C. 定时润滑　　D. 油脂润滑

46. 带液力挺杆的润滑系大部分润滑油从机油泵出油口输出后，流入机油滤清器，进入（　　）。
   A. 液力挺杆　　B. 凸轮轴轴承　　C. 副油道　　D. 主油道

47. 机油压力过高，会引起（　　）、软管、接头等处爆裂和渗漏。
   A. 机油泵　　B. 机油滤清器　　C. 集滤器　　D. 限压阀

48. 发动机润滑系的限压阀弹簧压力太软，将导致（　　）。
   A. 机油压力过低　　　　　　B. 机油压力过高
   C. 机油流通不通畅　　　　　D. 机油变色

49. 放机油前（　　）发动机运行到正常的工作温度，再停机后将机油放尽。
   A. 无须　　B. 应使　　C. 不能　　D. 不必

50. 发动机是否过热，由冷却介质的（　　）来决定。
   A. 品种　　B. 温度　　C. 灵敏度　　D. 精确度

51. 冷却风扇安装于散热器（　　）。
    A. 前面　　　　B. 后面　　　　C. 左侧　　　　D. 右侧
52. 出车前检查冷却液的液位，以膨胀水箱上下极限的（　　）值为最佳。
    A. 上极限　　　B. 下极限　　　C. 中间　　　　D. 最大
53. 在其他条件相同的情况下，驾驶技术水平不同，一般油耗可相差（　　）。
    A. 10%～20%　　B. 10%～30%　　C. 20%～40%　　D. 20%～50%
54. 大修竣工的发动机，（　　）有轻微而均匀的正时齿轮、机油泵齿轮和气门脚的响声。
    A. 允许　　　　B. 不允许　　　C. 应该　　　　D. 不可能
55. 汽车驾驶员耳旁噪声级应不大于（　　）dB。
    A. 70　　　　　B. 80　　　　　C. 90　　　　　D. 100
56. 离合器安装在发动机后部的（　　）上，按照需要适时地切断或接合发动机与传动系之间的动力传递。
    A. 输出轴　　　B. 变速器　　　C. 齿轮　　　　D. 飞轮
57. 变速器可以改变发动机输出转速的高低、转矩的大小以及输出轴的旋转方向，（　　）切断发动机向驱动轮的动力传递。
    A. 不可以　　　B. 可以　　　　C. 始终　　　　D. 保持
58. 差速器将主减速器传来的动力分配给左右两半轴，（　　）左右两半轴以不同角速度旋转，以满足左右两驱动轮在行使过程中差速的需要。
    A. 允许　　　　B. 不允许　　　C. 保持　　　　D. 连接
59. 发动机后置后轮驱动的汽车，发动机（　　）比较困难。
    A. 传动　　　　B. 布置　　　　C. 散热　　　　D. 安装
60. 汽车在行驶中，由于需要经常保持动力传递，故离合器经常处于（　　）状态。
    A. 分离　　　　B. 接合　　　　C. 摩擦　　　　D. 打滑
61. 汽车紧急制动时，由于离合器的（　　），限制了传动系所承受的最大转矩，防止传动系过载。
    A. 打滑　　　　B. 摩擦　　　　C. 接合　　　　D. 压紧

62. 单片式离合器结构简单、（　　）、散热良好、工作可靠，从动部分的转动惯量小。
    A. 平衡迅速　　　B. 反应迅速　　　C. 分离彻底　　　D. 接合彻底

63. 离合器摩擦片磨损变薄、硬化、铆钉外露或沾有油污会造成离合器（　　）。
    A. 打滑　　　　B. 分离不彻底　　C. 发抖　　　　D. 发响

64. 传动系传动比等于变速器传动比和主减速器传动比的（　　）。
    A. 和　　　　　B. 差　　　　　　C. 乘积　　　　D. 商

65. 锁销式惯性同步器由低速挡挂入高速挡时，靠摩擦作用实现接合套（　　）与高速齿轮趋于同步。
    A. 降速　　　　B. 升速　　　　　C. 等速　　　　D. 同速

66. 二级维护前的检查作业中还要检查变速器是否有（　　）和了解变速器已经发生的有规律性的小修，以及是否有断裂的可能。
    A. 壳体裂纹　　B. 运转异响　　　C. 挂挡异常　　D. 输出困难

67. 在装复传动轴时要特别注意使两端的双普通十字轴万向节叉处于（　　）。
    A. 不同方向　　B. 同一方向　　　C. 不同平面内　D. 同一平面内

68. 为方便拆卸传动轴，车辆应停放在（　　）的路面上，楔住汽车的前后轮。
    A. 坡度　　　　B. 水平　　　　　C. 10%坡度　　D. 15%坡度

69. 驱动桥是将从（　　）经万向传动装置输送来的发动机动力最后传给驱动轮。
    A. 曲轴　　　　B. 飞轮　　　　　C. 离合器　　　D. 变速器

70. 汽车转弯时，差速器中的行星齿轮（　　）。
    A. 只有公转，没有自转　　　　　B. 只有自转，没有公转
    C. 既无公转，又无自转　　　　　D. 既有公转，又有自转

71. 轿车和客车为了减轻自重，而以车身兼代车架，这种车身称为"（　　）"，即所谓的无梁式车身。
    A. 承重式车身　B. 承载式车身　　C. 全载式车身　D. 轻载式车身

72. 车轮由轮毂、轮辋和（　　）组成。
    A. 轮边　　　　B. 轮圈　　　　　C. 轮胎　　　　D. 轮轴

73. 前轮定位包括主销后倾、主销内倾、前轮外倾及（　　）四个内容。

A. 前轮定位　　　B. 后轮定位　　　C. 前轮后束　　　D. 前轮前束

74. 汽车悬架可分为独立悬架和（　　）两大类。

　　A. 半独立悬架　　B. 非独立悬架　　C. 断开悬架　　D. 整体悬架

75. 在独立悬架弹性元件的变形范围之内，汽车两侧车轮可以（　　）。

　　A. 互相联动　　B. 互相影响　　C. 单独运动　　D. 弹性运动

76. 汽车转向时，内转向轮的偏转角（　　）外转向轮的偏转角。

　　A. 大于　　　　B. 小于　　　　C. 等于　　　　D. 不等于

77. 由转向中心到（　　）中心的距离称为汽车的转向半径。

　　A. 内侧转向轮　B. 外侧转向轮　C. 内侧驱动轮　D. 外侧驱动轮

78. 内转向轮偏转角大于外转向轮偏转角，是由（　　）来实现的。

　　A. 转向机构　　　　　　　　　B. 转向梯形机构

　　C. 横拉杆　　　　　　　　　　D. 直拉杆

79. 动力转向装置与齿条式转向器配合，多用于（　　）。

　　A. 小轿车　　　B. 货车　　　　C. 旅游客车　　D. 半挂牵引车

80. 调整前束时，车辆左、右同名点的离地高度（　　）。

　　A. 应不同　　　B. 应相同　　　C. 应确保　　　D. 无所谓

81. 前束值等于测量出的同名点在轮轴后方的距离（　　）在轮轴前方的距离。

　　A. 加　　　　　B. 减　　　　　C. 乘　　　　　D. 除

82. 非独立悬挂的前轮定位可以调整的项目为（　　）。

　　A. 主销内倾　　B. 主销后倾　　C. 前轮前束　　D. 直拉杆

83. 发生转向沉重时，与正常驾驶比较，驾驶员要使用（　　）才能转动方向盘。

　　A. 更小的力　　B. 更大的力　　C. 相同的力　　D. 不同的力

84. 汽车制动时，（　　）作用一个向后的作用力，此作用力即为制动力。

　　A. 路面对车轮　B. 路面对车身　C. 车轮对路面　D. 车身对路面

85. 制动时，制动蹄对制动鼓作用一个（　　），其方向与车轮旋转方向相反。

　　A. 旋转力矩　　B. 滚动力矩　　C. 扭转力矩　　D. 摩擦力矩

86. 车轮处在将要滑移而又不滑移的过渡状态时，制动效能（　　）。

A. 最低   B. 最高   C. 平均   D. 为零

87. 盘式制动器的摩擦副中的旋转元件为圆盘状的制动盘，其（　　）为工作表面。

    A. 一端   B. 两端   C. 前端   D. 后端

88. 双管路液压制动传动机构是利用（　　）的双腔制动主缸，通过两套独立管路，分别控制两桥或三桥的车轮制动器。

    A. 彼此相通   B. 彼此独立   C. 彼此联动   D. 前后联动

89. 当制动拖滞时，属制动控制阀故障的为（　　）。

    A. 进气间隙过大   B. 排气间隙过大

    C. 排气间隙过小   D. 进气间隙过小

90. 液压制动管路中混有空气，汽车制动时会造成（　　）。

    A. 制动失效   B. 制动不灵   C. 制动跑偏   D. 制动侧滑

91. 汽车驾驶员的（　　）对汽车技术状况变化和使用寿命的影响尤为显著。

    A. 汽车知识   B. 修理技术   C. 操作技术   D. 保养技术

92. 汽车送大修时，随车使用的工具和备用品，不属于汽车附件范围者，应由（　　）保管。

    A. 送修单位   B. 修理单位   C. 不一定   D. 驾驶员

93. 前照灯检测仪主要有（　　）、屏幕式、投影式和自动追踪光轴式等。

    A. 聚光式   B. 散光式   C. 激光式   D. 反光式

94. 行驶速度越高，汽车的（　　）。

    A. 生产率越低   B. 生产率越高   C. 功率越平均   D. 成本越高

95. 汽车燃料经济性，是指汽车以（　　）的燃料消耗量完成单位运输工作的能力。

    A. 最便宜   B. 最好   C. 最小   D. 最大

96. 改善汽车低温条件下使用性能的措施是（　　）、加强保温、加注防冻液、选用低牌号的机油。

    A. 预热发动机   B. 油箱烘烤   C. 高速行驶   D. 适当延迟点火时间

97. 在汽车使用中，轮胎消耗费约占运输成本的（　　）。

    A. 5%～10%   B. 10%～15%   C. 15%～20%   D. 20%～25%

98. 翻修胎一般都装在（　　）上使用，以确保行车安全。

   A. 前轴　　　　B. 后轴　　　　C. 左轮　　　　D. 右轮

99. 轮胎应在指定的速度级别指数所对应的（　　）行驶速度内使用。

   A. 最低　　　　B. 最高　　　　C. 平均　　　　D. 稳定

100. 胎压的检查必须是在轮胎（　　）的情形下进行，否则测量不准确。

   A. 高温　　　　B. 冷却　　　　C. 70℃　　　　D. 90℃

101. 电路中电流的大小和方向均不随时间的变化而改变的叫（　　）。

   A. 高压电　　　B. 低压电　　　C. 交流电　　　D. 直流电

102. 测量电压可用万用表（　　）在被测电路的两端进行。

   A. 并联　　　　B. 串联　　　　C. 串并联　　　D. 间接

103. 串联电路中总电阻等于各个电阻之（　　）。

   A. 和　　　　　B. 差　　　　　C. 积　　　　　D. 商

104. 晶体三极管的三个极分别是发射极、基极和（　　）。

   A. 正极　　　　B. 负极　　　　C. 集电极　　　D. 阳极

105. 蓄电池点火系的电路可分为低压电路和（　　）两个电流回路。

   A. 稳压电路　　B. 高压电路　　C. 变压电路　　D. 附加电路

106. 点火提前角，一般为（　　）。

   A. 5°～10°　　B. 10°～12°　　C. 15°～20°　　D. 20°～25°

107. 发动机的爆燃与（　　）有密切关系。

   A. 汽油纯度　　B. 汽油品质　　C. 汽油温度　　D. 汽油重量

108. 普通蓄电池在使用过程中会发生（　　）现象。

   A. 加液　　　　B. 减液　　　　C. 漏液　　　　D. 漏电

109. 起动容量又分常温起动容量和（　　）起动容量。

   A. 低温　　　　B. 高温　　　　C. 海拔　　　　D. 负荷

110. 免维护蓄电池的加液孔盖上的通气孔多采用（　　）排气结构，可减少电解液的蒸发。

   A. 直排式　　　B. 迷宫式　　　C. 弯道式　　　D. 抽气式

111. 现代汽车使用的发电机一般为（　　）发电机。
    A. 定直流　　　B. 定交流　　　C. 硅整流直流　　　D. 硅整流交流

112. 发动机工作时，起动机的小齿轮（　　）再次啮入发动机飞轮齿环。
    A. 保证　　　B. 随时　　　C. 能　　　D. 不能

113. 发动机工作时，将起动开关再次接通，（　　）起动机驱动齿轮与飞轮齿环的撞击。
    A. 会造成　　　B. 不会造成　　　C. 影响　　　D. 不影响

114. 蓄电池点火系故障主要表现为（　　）、缺火、火花弱和点火不正时等。
    A. 电不足　　　B. 无火　　　C. 无油　　　D. 无水

115. 用开大灯、（　　）的方法可以检查蓄电池的电压是否正常。
    A. 按喇叭　　　B. 开雨刮器　　　C. 看电流表　　　D. 开转向信号

116. 低压电路正常，如无火花，则可能点火线圈（　　），或中央高压线短路。
    A. 一次绕组断路　　　B. 一次绕组短路
    C. 二次绕组断路　　　D. 二次绕组短路

117. 点火时间过迟，起动后在加速时"发闷"无力，排气管放炮（　　），水温过高。
    A. 冒蓝烟　　　B. 冒白烟　　　C. 冒黑烟　　　D. 抖动

118. 除电解液漏出蓄电池外，一般情况下若电解液不足，应加（　　）。
    A. 蒸馏水　　　B. 自来水　　　C. 纯净水　　　D. 硫酸

119. 前照灯的防眩目措施是汽车上普遍采用（　　）。
    A. 防眩目双丝灯泡　　　B. 单丝灯泡
    C. 无丝灯泡　　　D. 三丝灯泡

120. 负温度系数热敏电阻当低温时，热敏电阻（　　）。
    A. 阻值较大　　　B. 阻值较小　　　C. 阻值不变　　　D. 断路

121. 电控汽油喷射系统按其功能又可分为（　　）、燃油供给系统和电子控制系统三个子系统。
    A. 空气供给系统　　　B. 润滑系统
    C. 冷却系统　　　D. 点火系统

122. 空气流量计主要有翼片式、卡门旋涡式、热线式和（　　）四种。
   A. 热片式   B. 热膜式   C. 电阻式   D. 电容式

123. 一般电子控制汽油喷射发动机采用（　　）汽油泵。
   A. 内装式电动   B. 外装式电动   C. 外装式机械   D. 内装式机械

124. 电子控制系统根据电脑预置程序对喷油时刻、喷油量、点火时刻等进行（　　）。
   A. 确定   B. 确定和修正   C. 修正   D. 调整和分配

125. 水温传感器安装在发动机（　　）附近，其作用是检测发动机冷却水温度。
   A. 出水口   B. 进水口   C. 水泵   D. 散热器

126. 电控汽油发动机为减少有害物排放，采取装用（　　）转换器、氧传感器的反馈控制和废气再循环控制等方法。
   A. 一元催化   B. 二元催化   C. 三元催化   D. 四元催化

127. 电控怠速控制系统主要是（　　）、暖机过程的控制、负荷变化时控制及减速时控制等。
   A. 起动前控制   B. 起动后控制   C. 加速前控制   D. 加速后控制

128. 三元催化转换芯子以蜂窝状陶瓷芯作为承载催化剂的载体，在陶瓷芯上浸渍（　　）或钯和铑的混合物作为催化剂。
   A. 铍   B. 铂   C. 镉   D. 镍

129. 废气再循环控制系统是把发动机排出的一部分废气引入进气系统中和混合气一起再进入气缸燃烧，以减少排气中（　　）生成量。
   A. 氧   B. 碳氢化合物   C. 氮氧化合物   D. 一氧化碳

130. ECU根据发动机工作温度、转速、负荷等信号，控制（　　）的工作，以降低蒸发污染。
   A. 活性炭罐电磁阀   B. 二次空气喷射
   C. 开环与闭环   D. EGR阀

131. 两用燃料发动机一般是指在气缸内两种燃料（　　）混合燃烧的发动机。
   A. 可以   B. 不可以   C. 同比例   D. 反比例

132. ABS一般是由普通制动系统和（　　）控制系统两部分组成。

A. 制动力　　　B. 制动源　　　C. 气制动　　　D. 液压制动

133. 当轮速传感器发现车轮趋于抱死时，电脑发出控制指令，液压调节器将该轮制动轮缸（　　）、回液油路全部关闭，轮缸中的油压不变，实现保压。

A. 回液　　　B. 进液　　　C. 关闭　　　D. 常开

134. 轮速传感器常用的有（　　）和霍尔式两大类。

A. 电磁反应式　　B. 电磁感应式　　C. 机械式　　D. 车轮式

135. 根据不同制动系统的ABS，制动压力调节器可选择（　　）或气压式等。

A. 液压式　　　B. 常压式　　　C. 常流式　　　D. 手动式

136. 循环流通式调压方式是通过电磁阀（　　）控制轮缸制动压力。

A. 通电　　　B. 断电　　　C. 直接　　　D. 间接

137. 循环流通式调压方式的制动压力调节器是在制动主缸与轮缸之间（　　）一个电磁阀，直接控制轮缸的制动压力。

A. 串联　　　B. 并联　　　C. 双联　　　D. 互联

138. 循环流通式调压方式的回油泵也叫做（　　），其作用是在电磁阀减压过程中，将制动轮缸流出的制动液经储能器由回油泵泵回制动主缸。

A. 回液泵　　　B. 再循环泵　　　C. 抽油泵　　　D. 往复泵

139. 可变容积式调压方式是在汽车原有制动系统管路中增加（　　）套液压控制装置。

A. 一　　　B. 二　　　C. 三　　　D. 四

140. 可变容积式调压方式特点是制动压力油路和ABS控制压力油路是（　　）的。

A. 串联　　　B. 并联　　　C. 相互隔开　　　D. 相互贯通

汽车驾驶员（四级）理论知识试卷答案

一、判断题（第1题～第60题。每题0.5分，满分30分）

1. √　　2. √　　3. √　　4. ×　　5. √　　6. √　　7. √　　8. √　　9. √
10. ×　　11. √　　12. ×　　13. √　　14. ×　　15. √　　16. √　　17. ×　　18. √
19. ×　　20. ×　　21. ×　　22. √　　23. √　　24. √　　25. √　　26. √　　27. √
28. √　　29. ×　　30. √　　31. √　　32. ×　　33. √　　34. √　　35. √　　36. √
37. ×　　38. ×　　39. ×　　40. ×　　41. √　　42. √　　43. ×　　44. √　　45. ×
46. √　　47. √　　48. √　　49. √　　50. √　　51. ×　　52. √　　53. √　　54. √
55. √　　56. √　　57. ×　　58. ×　　59. √　　60. √

二、单项选择题（第1题～第140题。每题0.5分，满分70分）

1. B　　2. D　　3. B　　4. D　　5. B　　6. A　　7. C　　8. B　　9. C
10. B　　11. D　　12. B　　13. A　　14. B　　15. C　　16. B　　17. C　　18. C
19. B　　20. D　　21. C　　22. A　　23. C　　24. C　　25. C　　26. C　　27. C
28. C　　29. A　　30. C　　31. B　　32. C　　33. A　　34. C　　35. C　　36. C
37. B　　38. C　　39. C　　40. B　　41. D　　42. D　　43. B　　44. B　　45. B
46. D　　47. B　　48. A　　49. B　　50. B　　51. C　　52. C　　53. C　　54. A
55. C　　56. D　　57. B　　58. A　　59. C　　60. B　　61. A　　62. C　　63. A
64. C　　65. B　　66. B　　67. D　　68. B　　69. D　　70. D　　71. B　　72. C
73. D　　74. B　　75. C　　76. A　　77. B　　78. B　　79. C　　80. B　　81. B
82. C　　83. B　　84. A　　85. D　　86. B　　87. B　　88. B　　89. C　　90. B
91. C　　92. A　　93. B　　94. B　　95. C　　96. B　　97. B　　98. B　　99. B
100. B　　101. D　　102. A　　103. A　　104. C　　105. B　　106. B　　107. B　　108. B
109. A　　110. B　　111. D　　112. D　　113. A　　114. B　　115. B　　116. C　　117. C
118. A　　119. A　　120. C　　121. A　　122. B　　123. A　　124. B　　125. A　　126. C
127. B　　128. B　　129. C　　130. A　　131. B　　132. B　　133. B　　134. B　　135. A
136. C　　137. A　　138. B　　139. A　　140. C

第6部分

操作技能考核模拟试卷

注 意 事 项

1. 考生根据操作技能考核通知单中所列的试题做好考核准备。

2. 请考生仔细阅读试题单中具体考核内容和要求,并按要求完成操作或进行笔答或口答,若有笔答请考生在答题卷上完成。

3. 操作技能考核时要遵守考场纪律,服从考场管理人员指挥,以保证考核安全顺利进行。

注:操作技能鉴定试题评分表及答案是考评员对考生考核过程及考核结果的评分记录表,也是评分依据。

国家职业资格鉴定

汽车驾驶员(四级)操作技能考核通知单

姓名:

准考证号:

考核日期:

试题 1

试题代码：1.1.1。

试题名称："S"形车道倒车。

考核时间：15 min。

配分：30 分。

试题 2

试题代码：2.1.1。

试题名称：排除汽油发动机点火系故障。

考核时间：15 min。

配分：25 分。

试题 3

试题代码：3.1.1。

试题名称：排除汽车（气压式）制动系的常见故障。

考核时间：15 min。

配分：20 分。

试题 4

试题代码：4.1.1。

试题名称：喷油器检修与调试。

考核时间：15 min。

配分：25 分。

汽车驾驶员（四级）操作技能鉴定
试 题 单

试题代码：1.1.1。

试题名称："S"形车道倒车。

考核时间：15 min。

1. 操作条件

（1）小型车（如桑塔纳）1辆。

（2）桩杆、桩脚4付。

（3）秒表1只。

（4）卷尺1把。

（5）场地

1）平整硬实长35 m、宽30 m的场地一块。

2）按下图用白粉或油漆画好场地：

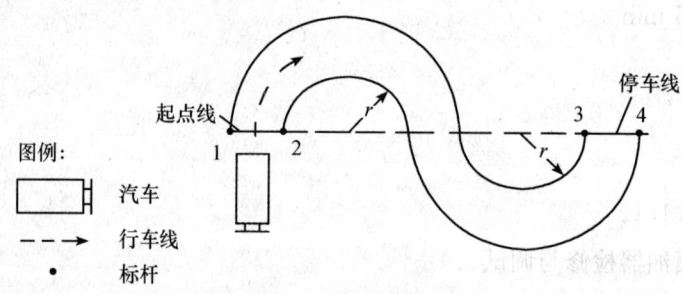

"S"形车道倒车

标杆间尺寸：

标杆1—2，3—4为车宽加80 cm；r为内圆半径，是车辆最小转弯半径的1.5倍。

注：尺寸以标杆为准；地面标线宽为2 cm；标杆桩脚固定标线用油漆画在桩脚外圈。

2. 操作内容

驾驶车辆在设置的考场内，由起步线起步，进行"S"形倒车，待车辆前保险杠出停车线后停车。

3. 操作要求

（1）在操作（行驶）过程中应无起步冲动、起步熄火、车速不稳、方向盘使用不合理，无中途使用制动减速，无操作过程中打开车门、中途熄火、停车。

（2）在操作（行驶）过程中应无打死方向，无压线，无擦杆、碰杆，无出线，应按规定路线行驶。

（3）在 15 min 内完成全部操作，其中，测试在 50 s 内完成。

汽车驾驶员（四级）操作技能鉴定

试题评分表

考生姓名：　　　　　　　　准考证号：

试题代码及名称			1.1.1 "S"形车道倒车			考核时间		15 min	
评价要素	配分	等级	评分细则	评定等级					得分
				A	B	C	D	E	
1　操作内容完成情况	10	A	在操作（行驶）过程中应无起步冲动、起步熄火，车速不稳、方向盘使用不合理，无中途使用制动减速，无操作过程中打开车门、中途熄火、停车						
		B	在规定时限内能完成驾驶操作，但以下状况之一： 起步冲动； 车速不稳						
		C	能完成驾驶操作，但发生以下状况之一： 起步熄火； 行驶途中使用制动减速						
		D	发生以上3项或有以下状况之一： 操作过程中打开车门； 行驶途中熄火； 行驶途中停车						
		E	未答题						
2　操作结果完成质量	10	A	在操作（行驶）过程中应无打死方向，无压线，无擦杆、碰杆，无出线，应按规定路线行驶						
		B	在规定时限内能完成驾驶操作，但有以下状况之一： 打死方向； 行驶途中压线						

续表

试题代码及名称			1.1.1 "S"形车道倒车		考核时间		15 min	
评价要素	配分	等级	评分细则	\multicolumn{4}{c}{评定等级}	得分
				A	B	C	D	E	

评价要素	配分	等级	评分细则	A	B	C	D	E	得分
2 操作结果完成质量	10	C	能完成驾驶操作，但有以下状况之一： 擦杆； 碰杆						
		D	发生以上3项或有以下状况之一： 行驶途中出线； 未按规定路线行驶； 碰杆（倒杆）						
		E	未答题						
3 熟练程度	10	A	在15 min内完成全部操作，其中，测试时间在40 s内完成						
		B	在15 min内完成全部操作，其中，测试时间在45 s内完成						
		C	在15 min内完成全部操作，其中，测试时间在50 s内完成						
		D	在规定时限内未完成驾驶操作						
		E	未答题						
合计配分	30		合计得分						

考评员（签名）：

等级	A（优）	B（良）	C（及格）	D（差）	E（未答题）
比值	1.0	0.8	0.6	0.2	0

"评价要素"得分＝配分×等级比值。

汽车驾驶员（四级）操作技能鉴定

试 题 单

试题代码：2.1.1。

试题名称：排除汽油发动机点火系故障。

考核时间：15 min。

1. 操作条件

（1）台架汽油发动机（如 CA1091）1 台。

（2）通用发动机电路故障件包 1 套。

（3）试灯 1 只。

（4）常用工具 1 套。

2. 操作内容

（1）在规定时限内，认真检查燃、润油、水和电状况。

（2）正确诊断故障，彻底排除故障。

3. 操作要求

（1）在规定时限内，操作应符合安全规范，认真检查燃、润油、水和电状况。结果符合工艺规范。

（2）在规定时限内，正确使用起动机，正确诊断故障（考评员设置 2 只故障），彻底排除故障。操作符合安全规范，结果符合工艺规范。

（3）在 15 min 内完成全部操作

汽车驾驶员（四级）操作技能鉴定

试题评分表

考生姓名：　　　　　　　　准考证号：

试题代码及名称			2.1.1排除汽油发动机点火系故障		考核时间			15 min	
评价要素		配分	等级	评分细则	评定等级				得分
					A	B	C	D	E	
1	操作内容完成情况	10	A	在规定时限内，操作应符合安全规范，认真检查燃、润油、水和电状况。结果符合工艺规范						
			B	能完成作业，但有以下情况之一： 漏检燃油； 操作时有工具或零件坠地						
			C	能完成作业，但有以下情况之一： 漏检水、电； 选用工具不正确						
			D	发生以上3项或有以下状况之一： 漏检机油； 使用工具不正确						
			E	未答题						
2	操作结果完成质量	10	A	在规定时限内，正确使用起动机，正确诊断故障（考评员设置2只故障），彻底排除故障。操作符合安全规范，结果符合工艺规范						
			B	能完成作业，但有以下状况之一： 连续使用起动机超过5 s； 没有适时切断电源						
			C	能完成作业，但有以下状况之一： 诊断错误（以调换故障件或有排除故障操作行为为准）≤2次； 虽排除故障能起动发动机但调试发动机工作尚不符合技术要求						

续表

试题代码及名称		2.1.1 排除汽油发动机点火系故障			考核时间				15 min	
评价要素		配分	等级	评分细则	评定等级					得分
					A	B	C	D	E	
2	操作结果完成质量	10	D	诊断错误（以调换故障件或有排除故障操作行为为准）≥3次；仅排除1只故障						
			E	未答题						
3	熟练程度	5	A	在11 min内完成全部操作						
			B	在13 min内完成全部操作						
			C	在15 min内完成全部操作						
			D	在规定时限内未完成操作						
			E	未答题						
合计配分		25		合计得分						

考评员（签名）：

等级	A（优）	B（良）	C（及格）	D（差）	E（未答题）
比值	1.0	0.8	0.6	0.2	0

"评价要素"得分＝配分×等级比值。

汽车驾驶员（四级）操作技能鉴定

试 题 单

试题代码：3.1.1。

试题名称：排除汽车（气压式）制动系的常见故障。

考核时间：15 min。

1. 操作条件

(1) 整车或鉴定用实验台 1 台。

(2) 制动系常见故障件。

(3) 底盘维护的常用工具及设备。

2. 操作内容

在规定时限内，应能正确诊断故障，彻底排除故障。

3. 操作要求

(1) 在规定时限内，操作应符合安全规范，认真检查驻车制动情况，检查举升器状况。结果符合技术要求。

(2) 在规定时限内，操作应符合安全规范；应能正确诊断故障，彻底排除故障。结果应符合技术要求。

(3) 在 15 min 内完成全部操作。

汽车驾驶员（四级）操作技能鉴定

试题评分表

考生姓名：　　　　　　　　准考证号：

试题代码及名称			3.1.1 排除汽车（气压式）制动系的常见故障		考核时间			15 min		
评价要素		配分	等级	评分细则	评定等级					得分
					A	B	C	D	E	
1	操作内容完成情况	5	A	在规定时限内，操作应符合安全规范，认真检查驻车制动情况，检查举升器状况。结果符合技术要求						
			B	能完成作业，但有以下状况之一：操作前不检查驻车制动情况；操作时有工具或零件坠地						
			C	能完成作业，但有以下状况之一：使用举升器不当；选用工具不正确						
			D	发生以上3项或有以下状况之一：操作不符合安全规范；使用工具不正确						
			E	未答题						
2	操作结果完成质量	10	A	在规定时限内，操作应符合安全规范；应能正确诊断故障，彻底排除故障。结果应符合技术要求						
			B	能完成作业，但有以下状况之一：检测方法正确，排除故障不彻底						
			C	能完成作业，但有以下状况之一：检测方法不正确；诊断错误（以有排除故障操作行为为准）≤2次						

续表

试题代码及名称		3.1.1 排除汽车（气压式）制动系的常见故障			考核时间	15 min				
评价要素	配分	等级	评分细则			评定等级				得分
					A	B	C	D	E	
2	操作结果完成质量	10	D	有以下状况： 诊断错误（以有排除故障操作行为为准） ≥3 次						
			E	未答题						
3	熟练程度	5	A	在 11 min 内完成全部操作						
			B	在 13 min 内完成全部操作						
			C	在 15 min 内完成全部操作						
			D	在规定时限内未完成操作						
			E	未答题						
合计配分		20		合计得分						

考评员（签名）：

等级	A（优）	B（良）	C（及格）	D（差）	E（未答题）
比值	1.0	0.8	0.6	0.2	0

"评价要素"得分＝配分×等级比值。

汽车驾驶员（四级）操作技能鉴定

试 题 单

试题代码：4.1.1。

试题名称：喷油器检修与调试。

考核时间：15 min。

1. 操作条件

（1）喷油器（轴针式或孔式）1只。

（2）喷油器试验器及配套用具1套。

（3）工作台（有台钳）1套。

（4）拆装喷油器的常用工具1套。

2. 操作内容

在规定时限内，正确安装和调整喷油器。

3. 操作要求

（1）在规定时限内，操作应符合安全规范，工具使用应符合安全规范。

（2）检查方法和调整方法应正确。经调试后喷油器应符合技术要求。

（3）在15 min内完成全部操作。

汽车驾驶员（四级）操作技能鉴定

试题评分表

考生姓名：　　　　　　　准考证号：

试题代码及名称			4.1.1 喷油器检修与调试		考核时间			15 min		
评价要素	配分	等级	评分细则		评定等级					得分
					A	B	C	D	E	
1　操作内容和结果完成质量情况	15	A	在规定时限内，操作应符合安全规范，工具使用应符合安全规范； 检查方法和调整方法应正确； 经调试后喷油器应符合技术要求							
		B	能在规定时限内完成作业，但有以下状况之一： 操作前不检查设备安装紧固、密封性能； 操作时有工具或零件坠地； 分解和安装不符合操作工艺规范							
		C	能完成作业，但有以下状况之一： 有错装或漏装零件现象； 安装或调试不符合操作规范							
		D	有错装或漏装主要零件； 经调试后喷油器不符合技术要求							
		E	未答题							
2　熟练程度	10	A	在 11 min 内完成全部操作							
		B	在 13 min 内完成全部操作							
		C	在 15 min 内完成全部操作							
		D	在规定时限内未完成操作							
		E	未答题							
合计配分	25		合计得分							

考评员（签名）：

等级	A（优）	B（良）	C（及格）	D（差）	E（未答题）
比值	1.0	0.8	0.6	0.2	0

"评价要素"得分＝配分×等级比值。